Inhalt

Einführung

Umfang und Schwankungen der Umwelt- und Markteinflüsse auf die Unternehmen sowie die Komplexität der betrieblichen Aktivitäten haben in den letzten Jahrzehnten stark zugenommen. Sie erfordern wachsende Aufmerksamkeit, rechtzeitige Vorsorge und rasche Reaktionen der Unternehmensführung sowie eine auf Nachhaltigkeit ausgerichtete Unternehmenspolitik. Dabei sind Stabilität, Rentabilität und langfristiges Wachstum abzuwägen.

Wiederholt sind Unternehmen wegen mangelhafter Risikoeinschätzungen, unausgewogener oder kurzfristiger Zielsetzungen oder durch Fehlentscheidungen der leitenden und geschäftsführenden Organe und Personen in Bedrängnis geraten oder sogar um ihre Existenz gebracht worden. Daher ist die wirksame Überwachung und Beratung der Unternehmensführung ein hochaktuelles und intensiv diskutiertes Thema.

Überwachungsgremien und ihre Aufgaben

Im Mittelpunkt der öffentlichen Wahrnehmung steht der Aufsichtsrat, den Aktiengesellschaften und Genossenschaften sowie der Mitbestimmung unterliegende Gesellschaften mit beschränkter Haftung (GmbH) zu bilden haben. Die Europäische Gesellschaft (SE) kann zwischen Aufsichtsrat und Verwaltungsrat wählen. Sparkassen, Anstalten und Körperschaften des öffentlichen Rechts sowie die meisten ausländischen Kapitalgesellschaften haben einen Verwaltungsrat mit aufsichtsratsähnlichen Aufgaben.

Mit wachsender Unternehmensgröße und Komplexität der Unternehmensstruktur stellt sich für andere Unternehmen die Frage nach der Notwendigkeit oder Zweckmäßigkeit eines eigenständigen **freiwilligen Überwachungsgremiums**. Dementsprechend haben viele mittelständische oder Familienunternehmen laut Gesellschaftsvertrag oder Eigentümerbeschluss einen Aufsichtsrat oder Beirat mit aufsichtsratsähnlichen Überwachungs- und Beratungspflichten.

Ihnen werden im Allgemeinen folgende **Aufgaben und Rechte** übertragen:

▸ Bestellung und Abberufung von Mitgliedern der Geschäftsführung

▸ volle Informations-, Einsichts- und Prüfungsrechte

▸ Überwachung der Geschäftsführung

▸ Genehmigung der Unternehmensstrategie und -planung sowie besonderer Geschäftsführungsmaßnahmen

▸ Prüfung und Billigung der Rechnungslegung

Die Tätigkeit im Aufsichtsrat, Beirat oder Verwaltungsrat ist kein Hobby, das man sporadisch und nebenbei ausüben kann. Sie erfordert vielmehr nennenswerten persönlichen Einsatz und eine ausreichende Professionalität.

Die nachfolgenden Ausführungen beziehen sich vor allem auf den gesetzlich vorgeschriebenen **Aufsichtsrat**, dessen Rechte und Pflichten umfassend im Aktiengesetz geregelt und im Deutschen Corporate Governance Kodex weiter konkretisiert sind. Diese Regelungen zielen auf eine effiziente und zeitgemäße Überwachung der Geschäftsführung.

Die hierin ausgedrückten materiellen Anforderungen an eine wirksame Überwachung und Kontrolle der Geschäftsführung gelten für alle Unternehmen. Die von der konkreten Situation des Unternehmens geprägten Management-, Überwachungs- und Informationsstrukturen müssen so beschaffen sein, dass Unternehmensführung und Aufsichtsgremium die wirtschaftliche Lage und Entwicklung des Unternehmens sowie die Einhaltung der vereinbarten Werte und Ziele zutreffend und zeitnah beurteilen können.

Mit dieser Maßgabe gelten die folgenden Erläuterungen und Kommentare nicht nur für den obligatorischen Aufsichtsrat, sondern auch für andere Überwachungsgremien.

Monistisches und dualistisches System

In Bezug auf die Leitung und Überwachung von Unternehmen unterscheidet man das monistische und das dualistische System. Beim monistischen oder **Boardsystem**, das in angelsächsischen Ländern und auch in der Schweiz verbreitet ist, ist ein und dasselbe Organ sowohl für die Geschäftsführung als auch für deren Überwachung zuständig, nämlich das Board oder der Verwaltungsrat.

Als Vorteil dieses Systems wird hervorgehoben, dass die Mitglieder des **Verwaltungsrats** unmittelbar und zeitnah mit Fragen der Geschäftsführung befasst sind. Als Nachteil wird die unzureichende Unabhängigkeit der Geschäftsführungskontrolle kritisiert.

Beim **dualistischen System** sind Geschäftsführung einerseits und deren Überwachung andererseits streng getrennt und zwei gesonderten Organen zugeordnet. Dieses System mit Vorstand oder Geschäftsführung einerseits und Aufsichtsrat andererseits ist die vorherrschende Verwaltungs-

struktur in Deutschland. Dem Aufsichtsrat wird vorgewor-
fen, dass er die Überwachung zu sporadisch und distan-
ziert sowie zu sehr vergangenheitsorientiert betreibt.

Gravierende Unternehmens- und Finanzkrisen haben für
beide Verwaltungssysteme Änderungen bewirkt, zum Teil
durch entsprechende gesetzliche Vorgaben. Dadurch haben sich die beiden Verwaltungssysteme in den letzten
Jahren angenähert:

Der Board muss zur Überwachung der Geschäftsführung
einen besonderen Ausschuss, ein sog. **Audit Committee**,
bilden, dem ausschließlich nicht geschäftsführende Verwaltungsratsmitglieder angehören dürfen, d. h. solche, die
nicht mit dem Tagesgeschäft befasst sind. Die Mitglieder
des Audit Committee wirken jedoch an grundlegenden
Geschäftsführungsentscheidungen unmittelbar mit, sodass
es an der strikten Trennung von Geschäftsführung und
Überwachung der Geschäftsführung fehlt.

Für den **Aufsichtsrat** hat der Gesetzgeber klargestellt, dass
er sich nicht mit der Kontrolle der Vergangenheit begnü-
gen darf, sondern sich besonders mit der aktuellen Situation und der künftigen Entwicklung des Unternehmens, der
beabsichtigten Geschäftspolitik und anderen grundsätzli-
chen Fragen der Unternehmensplanung befassen muss.

Auf den Punkt gebracht

Die Globalisierung und die hektischen Aktionen auf den Finanzmärkten haben die Komplexität und Risiken der unternehmerischen Tätigkeiten enorm gesteigert. Daher sind Überwachung und Beratung der Geschäftsführung durch besondere Überwachungsgremien von großer und zunehmender Bedeutung. Die gesetzlich vorgeschrieben oder freiwillig gebildeten Überwachungsgremien sollen für eine recht- und ordnungsmäßige sowie nachhaltig erfolgreiche Unternehmensführung sorgen.

Von der Systematik her ist dem dualistischen Verwaltungssystem der Vorzug zu geben. Entscheidend sind allerdings jeweils die handelnden Personen und ihre tatsächliche Handhabung ihrer Aufgaben und Pflichten.

Grundlagen der Aufsichtsratstätigkeit

Rechtliche Grundlagen

Aufgaben sowie Rechte und Pflichten des Aufsichtsrats einer Aktiengesellschaft sind umfassend im **Aktiengesetz** geregelt. Für den Aufsichtsrat von Unternehmen anderer Rechtsform wird in der Regel auf die aktienrechtlichen Vorschriften verwiesen. Ausdrückliche Hinweise finden sich im GmbH-Gesetz. Für Genossenschaften ist auf das Genossenschaftsgesetz zu verweisen.

Die Vertretung von Arbeitnehmern im Aufsichtsrat ist für Kapitalgesellschaften und Genossenschaften mit mehr als 500 Beschäftigten durch das Drittelbeteiligungsgesetz (DrittelbG) und bei mehr als 2.000 Arbeitnehmern durch das **Mitbestimmungsgesetz** (MitbestG) geregelt.

Die wesentlichen Vorschriften zur Rechnungslegung und ihrer Prüfung finden sich im dritten Buch des Handelsgesetzbuches (**HGB**)

Weitere Vorschriften für den Aufsichtsrat ergeben sich aus der **Satzung** oder dem Gesellschaftsvertrag des Unternehmens. Der Aufsichtsrat kann sich selbst eine **Geschäftsordnung** geben.

Börsennotierte Gesellschaften haben den **Deutschen Corporate Governance Kodex** (DCGK oder Kodex) zu beachten, der als Grundsätze guter Unternehmensführung und -kontrolle wichtige Empfehlungen enthält, über deren Beachtung jährlich zu berichten ist.

Für Familienunternehmen empfiehlt ein spezieller Governance Kodex die freiwillige Einrichtung eines eigenständigen Aufsichtsgremiums.

Größe und Zusammensetzung des Aufsichtsrats

Obligatorischer Aufsichtsrat

Aktiengesellschaften (AG) und Kommanditgesellschaften auf Aktien (KGaA), ferner Genossenschaften sowie Gesellschaften mit beschränkter Haftung (GmbH) mit mehr als 500 Arbeitnehmern müssen einen Aufsichtsrat haben. Bei Kapitalgesellschaften und Genossenschaften mit mehr als 500 Arbeitnehmern ist der Aufsichtsrat zu einem Drittel mit Arbeitnehmervertretern zu besetzen, bei mehr als 2.000 Arbeitnehmern setzt sich der Aufsichtsrat paritätisch aus Anteilseigner- und Arbeitnehmervertretern zusammen.

Der Aufsichtsrat der AG oder KGaA sowie einer Genossenschaft besteht aus mindestens drei Mitgliedern. Die Satzung kann eine höhere Zahl bestimmen. Bei der AG oder KGaA richtet sich die zulässige Höchstzahl der Mitglieder nach der Höhe des Grundkapitals (siehe Übersicht auf Seite 13).

Fakultativer Aufsichtsrat

Unternehmen anderer Rechtsform und GmbHs mit weniger als 500 Arbeitnehmern können freiwillig einen Aufsichtsrat oder Beirat bilden. Die Anzahl der Mitglieder und ihre Zusammensetzung sowie die Rechte und Pflichten des Aufsichtsrats richten sich dann nach dem Gesellschaftsvertrag.

Zahlenmäßige Zusammensetzung des obligatorischen Aufsichtsrats

§ 95 Aktiengesetz	Höchstzahl der Mitglieder
Grundkapital bis zu 1,5 Mio. €	9
Grundkapital von mehr als 1,5 Mio. €	15
Grundkapital von mehr als 10 Mio. €	21

§ 4 DrittelbG

Bei mehr als 500, aber weniger als 2.000 Arbeitnehmern muss der Aufsichtsrat zu einem Drittel aus Arbeitnehmervertretern bestehen.

§ 7 MitbestG

Bei mehr als 2.000 Arbeitnehmern bis zu 10.000 je sechs Anteilseigner- und Arbeitnehmervertreter,

bei über 10.000 bis zu 20.000 Arbeitnehmern je acht Vertreter der Anteilseigner und der Arbeitnehmer,

bei über 20.000 Arbeitnehmer je zehn Vertreter.

Unter den Arbeitnehmervertretern müssen sich zwei, bei zehn Arbeitnehmervertretern drei Vertreter von Gewerkschaften befinden.

Zusammensetzung

Der Aufsichtsrat sollte – über die vorgenannten formalen Vorgaben hinaus – so zusammengesetzt sein, dass seine Mitglieder in ihrer Gesamtheit über die für das Unternehmen wichtigen Kenntnisse, Fähigkeiten und Erfahrungen verfügen, um die Unternehmenslage und ihre Entwicklung sowie die gewöhnlichen Geschäfte des Unternehmens beurteilen zu können. Zur Wahl und Wählbarkeit von Aufsichtsratsmitgliedern s. S. 23 ff.

Neben unterschiedlichen fachlichen Qualifikationen sind auch eine internationale und eine geschlechterspezifische Diversität in Betracht zu ziehen. Der DCGK empfiehlt eine angemessene Beteiligung von Frauen. Auf politischer Ebene wird über eine gesetzlich festgelegte Frauenquote diskutiert. Nach dem DrittelbG sollen unter den Arbeitnehmervertretern Frauen und Männer entsprechend ihrem zahlenmäßigen Verhältnis im Unternehmen vertreten sein.

Bei kapitalmarktorientierten Unternehmen muss mindestens ein Aufsichtsratsmitglied ein unabhängiger „Finanzexperte" (s. S. 67) sein.

Aufgaben und Rechte des Aufsichtsrats

Die Kompetenzen des **obligatorischen Aufsichtsrats** sind umfassend im Aktiengesetz geregelt. Wenige zusätzliche Bestimmungen enthält das MitbestG. Bei der KGaA entfallen einige Rechte des Aufsichtsrats, die die besondere Stellung des voll haftenden Komplementärs beeinträchtigen würden. Einschränkungen gibt es auch beim Aufsichtsrat einer GmbH, die nicht dem MitbestG unterliegt.

Generell hat der Aufsichtsrat folgende Aufgaben und Rechte:

▸ Der Aufsichtsrat bestellt die Mitglieder des Vorstands auf höchstens fünf Jahre. Er ist zuständig für den Dienstvertrag mit den Vorstandsmitgliedern und hat u. a. deren Vergütung festzulegen.

▸ Der Aufsichtsrat hat die Geschäftsführung durch den Vorstand zu überwachen und kann dazu die Bücher und Schriften des Unternehmens einsehen und prüfen.

▸ Er erteilt dem von der Hauptversammlung gewählten Abschlussprüfer den Auftrag zur Prüfung des Jahres- und ggf. des Konzernabschlusses nebst zugehöriger Lageberichte und hat auch selbst den Jahres- oder Konzernabschluss zu prüfen.

▸ Er hat eine Hauptversammlung einzuberufen, wenn es das Wohl der Gesellschaft erfordert.

▸ Maßnahmen der Geschäftsführung können ihm nicht übertragen werden, doch muss die Satzung oder der Aufsichtsrat bestimmte Arten von Geschäften von seiner Zustimmung abhängig machen.

Der Aufsichtsrat vertritt die Gesellschaft

▸ gegenüber den amtierenden und ehemaligen Vorstandsmitgliedern,

▸ bei Erteilung des Prüfungsauftrags an den Abschlussprüfer,

▸ bei Rechtsstreitigkeiten aus Anfechtungs- und Nichtigkeitsklagen,

▸ bei Anträgen auf Abberufung eines Aufsichtsratsmitglieds,

▸ bei Einberufung einer Hauptversammlung.

Die Aufgaben und Rechte von **fakultativen Aufsichtsräten** ergeben sich aus dem Gesellschaftsvertrag und Beschlüssen der Gesellschafterversammlung. Im Übrigen sind die Vorschriften des Aktiengesetzes sinngemäß anzuwenden.

> **!** Unabdingbare Voraussetzungen für eine wirksame
> Überwachungstätigkeit sind ein uneingeschränktes
> Informationsrecht der Aufsichtsratsmitglieder und eine
> offene Berichterstattung der Geschäftsführung an den
> Aufsichtsrat.

Sorgfaltspflicht und Verantwortlichkeit

Sorgfalt ordentlicher Überwacher

Aufsichtsratsmitglieder haben „sinngemäß" die Sorgfalt
eines ordentlichen und gewissenhaften Geschäftsleiters
anzuwenden, wie sie das Aktiengesetz für Vorstandsmitglieder fordert. „Sinngemäß" bedeutet, dass den unterschiedlichen Aufgaben von Vorstand und Aufsichtsrat
Rechnung zu tragen ist.

Dem Aufsichtsrat obliegt nicht die Geschäftsführung, sondern die Überwachung der Geschäftsführung. Außerdem
ist die Aufsichtsratstätigkeit im Gegensatz zur vollamtlichen
Vorstandstätigkeit als Tätigkeit konzipiert, die neben dem
Hauptberuf ausgeübt werden kann. Daraus ergibt sich
gegenüber der Geschäftsführung ein unterschiedlicher
Haftungsmaßstab.

Grundsätzlich ist daher auf die Sorgfalt ordentlicher und
gewissenhafter Überwacher abzustellen, die eine ausreichende und wirksame Kontrolle der Geschäftsführung
sicherstellt. Das bedeutet, dass der Aufsichtsrat Art und
Intensität seiner Überwachung an die konkrete Situation

und Entwicklung des Unternehmens und die Qualität der Geschäftsführung anpassen muss.

Die sorgfältige Überwachung verlangt, dass den Beschlüssen des Aufsichtsrats ausreichende Informationen und notwendige Beratungen, ggf. durch externe Sachverständige, zugrunde liegen. Jedes Aufsichtsratsmitglied muss seine Entscheidungen in redlicher Absicht und ohne Eigeninteresse so treffen, dass sie dem Interesse des Unternehmens dienen.

Soweit spezifische Kenntnisse oder Fähigkeiten oder berufstypische Sachkunde gefordert sind, wird von den entsprechend qualifizierten Aufsichtsratsmitgliedern eine erhöhte Sorgfalt erwartet. So trägt z. B. der Finanzexperte (s. S. 67, 161) im Zusammenhang mit der Überwachung und Prüfung der Rechnungslegung eine besondere Verantwortung.

Besondere Sorgfalts- und Haftungspflichten

Als besondere Sorgfaltspflicht ist den Aufsichtsratsmitgliedern Verschwiegenheit über vertrauliche Berichte und Beratungen auferlegt (s. S. 35). Die **Verschwiegenheitspflicht** gilt auch gegenüber Aktionären, der Belegschaft und dem Betriebsrat.

Aufsichtsratsmitglieder sind gegenüber der Gesellschaft namentlich **zum Ersatz verpflichtet**, wenn sie für Vorstandsmitglieder eine unangemessene Vergütung festsetzen. Deshalb sind die Grundsätze und Empfehlungen für die Festsetzung der Gesamtbezüge eines Vorstandmitglieds besonders zu beachten (s. S. 85).

Wer vorsätzlich seinen Einfluss auf die Gesellschaft dazu benutzt, um Aufsichtsrats- oder Vorstandsmitglieder oder andere Unternehmensangehörige zu Handlungen zum Schaden der Gesellschaft oder ihrer Aktionäre zu veranlassen, haftet für den entstandenen Schaden. Neben ihm haften als Gesamtschuldner die Mitglieder das Vorstands und des Aufsichtsrats, wenn sie unter Verletzung ihrer Pflichten gehandelt haben.

Eine **Haftung wegen Pflichtverletzungen** besteht gegenüber der Gesellschaft oder Genossenschaft für einen ihr entstandenen Schaden und gegenüber den Anteilseignern oder Gläubigern des Unternehmens für deren Schaden.

Es ist möglich und vielfach üblich, dass vom Unternehmen eine Versicherung gegen Haftpflichtrisiken seiner Organmitglieder abgeschlossen wird (sog. D&O-Versicherung).

Über den Abschluss einer D&O-Versicherung zugunsten von Aufsichtsratsmitgliedern sollte ein Beschluss der Hauptversammlung herbeigeführt wird.

Vergütung und besondere Verträge

Vergütung der Aufsichtsratsmitglieder

Die Aufsichtsratsmitglieder üben ihre Tätigkeit kraft ihrer korporationsrechtlichen Bestellung zum Organmitglied aus. Damit sind ihre Rechte und Pflichten ebenso wie ihre Aufgaben und Kompetenzen festgelegt. Für ihre Tätigkeit kann ihnen eine Vergütung gewährt werden.

Die Vergütung kann in der Satzung oder von der Hauptversammlung festgesetzt werden. Sie soll in einem angemessenen Verhältnis zu den Verantwortlichkeiten und Aufgaben der Aufsichtsratsmitglieder und zur wirtschaftlichen Lage der Gesellschaft stehen.

In der Regel werden die Aufsichtsratsvergütungen in der Satzung festgelegt. In diesem Fall genügt für eine Satzungsänderung zur Herabsetzung der Bezüge eine einfache Mehrheit der Hauptversammlung.

Für den ersten Aufsichtsrat einer AG oder SE kann nur die Hauptversammlung eine Vergütung bewilligen, die über die Entlastung der Mitglieder des ersten Aufsichtsrats beschließt.

Bei der Höhe der Vergütungen sollten der Vorsitz und der stellvertretende Vorsitz im Aufsichtsrat sowie der Vorsitz und die Mitgliedschaft in Ausschüssen berücksichtigt werden. Üblicherweise erhält der Aufsichtsratsvorsitzende das Doppelte und sein Stellvertreter das 1,5-Fache der Vergütung für ein normales Aufsichtsratsmitglied. Für die Mitgliedschaft in Ausschüssen kann eine besondere Vergütung gewährt werden.

Der DCGK empfiehlt neben einer festen eine **erfolgsabhängige Vergütung**, die auf den langfristigen Unternehmenserfolg bezogen sein sollte. Die Gewährung erfolgsabhängiger Vergütungen ist im Hinblick auf die Unabhängigkeit und Neutralität der Überwachung der Geschäftsführung umstritten.

Für gewinnabhängige Vergütungen sieht das Aktiengesetz vor, dass sich der Anteil nach dem Bilanzgewinn bemisst,

der um mindestens 4 % der auf den geringsten Ausgabe-
betrag der Aktien geleisteten Einlagen zu kürzen ist.

Börsennotierte Unternehmen sollen die Vergütungen an
Aufsichtsratsmitglieder im Corporate-Governance-Bericht
individualisiert und aufgegliedert nach Bestandteilen ange-
ben.

Verträge mit Aufsichtsratsmitgliedern

Wenn sich ein Aufsichtsratsmitglied außerhalb seiner Aufsichtsratstätigkeit durch einen Dienstvertrag, der nicht ein
Arbeitsverhältnis begründet, oder durch einen Werkvertrag
zu einer Tätigkeit höherer Art, die besondere Kenntnisse
erfordert, verpflichtet, bedürfen die Verträge zu ihrer Wirksamkeit der ausdrücklichen Zustimmung des Aufsichtsrats.

Die Restriktionen für Verträge mit Aufsichtsratsmitgliedern
gelten nicht für fakultative Aufsichtsräte, es sei denn, Gesellschaftsvertrag oder Gesellschafterbeschluss enthalten entsprechende Bestimmungen. Dennoch sollte bei solchen Ver-
trägen die Gefahr von Interessenkonflikten eruiert werden.

> Verträge der Gesellschaft mit einzelnen Aufsichtsrats-
> mitgliedern über besondere Dienstleitungen können
> die für das Amt erforderliche Unabhängigkeit gefähr-
> den.

Beratungsverträge

Zu den Aufgaben des Aufsichtsrats gehört die allgemeine
und laufende Beratung des Vorstands in üblichen Fragen

der Unternehmensführung. Sie können betriebswirtschaftlicher, organisatorischer, steuerrechtlicher oder personeller Art sein und auf die beruflichen Spezialkenntnisse der einzelnen Aufsichtsratsmitglieder zurückgreifen. Diese Leistungen sind mit der festgesetzten Aufsichtsratsvergütung in vollem Umfang abgegolten.

Verträge mit Aufsichtsratsmitgliedern über derartige generelle Beratungen sind unzulässig. Die Unzulässigkeit bezieht sich auch auf Partnerschaften und Sozietäten des Aufsichtsratsmitglieds.

Genehmigungsfähig sind nur Verträge über Beratungsaufgaben, die sich klar von der Aufsichtsratstätigkeit abgrenzen lassen. Ihr Gegenstand müssen sehr spezielle Fragen sein, die nicht zum normalen Überwachungsfeld des Aufsichtsrats gehören. Für die Genehmigung muss das spezielle Leistungsprogramm hinreichend genau definiert sein und die vereinbarte Vergütung angegeben werden.

Nicht genehmigte Beratungsverträge sind unwirksam. Eine gezahlte Vergütung ist zurückzugewähren.

Kreditgewährung

Kredite der Gesellschaft dürfen Aufsichtsratsmitgliedern nur mit Einwilligung des Aufsichtsrats gewährt werden. Das Gleiche gilt für Kredite an Ehegatten, Lebenspartner oder minderjährige Kinder von Aufsichtsratsmitgliedern. Die Kreditgewährung kann die Unabhängigkeit des Aufsichtsratsmitgliedes gefährden.

Ein herrschendes Unternehmen darf Kredite an Aufsichtsratsmitglieder abhängiger Unternehmen nur mit Einwilligung des Aufsichtsrats der abhängigen Gesellschaft gewähren. Ebenso dürfen abhängige Unternehmen Kredite an Aufsichtsratsmitglieder des herrschenden Unternehmens nur mit Zustimmung des Aufsichtsrats des herrschenden Unternehmens gewähren.

Der Aufsichtsratsbeschluss über die Einwilligung muss die Höhe des Kredits sowie seine Verzinsung und Rückzahlung regeln. Wird der Kredit ohne Einwilligung des zuständigen Aufsichtsrats gewährt, ist er zurückzuzahlen, wenn der Aufsichtsrat nicht nachträglich zustimmt.

Auf den Punkt gebracht

Der Aufsichtsrat einer AG ist Vorbild für andere Überwachungsorgane von Unternehmen. Seine Zusammensetzung, Aufgaben, Rechte und Pflichten sind im Aktiengesetz umfassend geregelt. Die für die Aufsichtsratsmitglieder geforderten Qualifikationen, ihre Verantwortlichkeit und Sorgfaltspflichten gelten im Sinne einer wirksamen Überwachung der Geschäftsführung gleichermaßen für die Mitglieder der Überwachungsgremien anderer Unternehmen.

Zur Vereinfachung wird nachfolgend i. d. R. nur von „Aufsichtsrat" gesprochen.

Berufung und Abberufung der Aufsichtsratsmitglieder

Wahl der Anteilseignervertreter

Die Mitglieder des Aufsichtsrats werden von den Anteilseignern (Aktionäre oder Gesellschafter) gewählt, also bei der AG durch die Haupt-, bei der GmbH durch die Gesellschafter- und bei der Genossenschaft durch die Generalversammlung.

Die **Amtszeit** der Aufsichtsratsmitglieder beträgt in der Regel fünf Jahre. Sie wird in der Satzung oder bei der Wahl festgelegt und darf beim obligatorischen Aufsichtsrat höchstens bis zum Ablauf der Hauptversammlung dauern, die über die Entlastung für das vierte volle Geschäftsjahr entscheidet.

Wählbar ist jede natürliche, unbeschränkt geschäftsfähige Person, soweit nicht einer der nachstehend aufgeführten Ausschlussgründe vorliegt.

Nicht gewählt werden darf, wer

▸ bereits in zehn Handelsgesellschaften Mitglied eines gesetzlich zu bildenden Aufsichtsrats ist,

▸ gesetzlicher Vertreter eines abhängigen Unternehmens ist,

▸ gesetzlicher Vertreter einer anderen Kapitalgesellschaft ist, deren Aufsichtsrat ein Vorstandmitglied der Gesellschaft angehört, oder

▸ in den letzten zwei Jahren Vorstandmitglied derselben börsennotierten Gesellschaft war, es sei denn, seine Wahl erfolgt auf Vorschlag von Aktionären, die mehr als 25 % der Stimmrechte der Gesellschaft halten.

Bei der **Höchstzahl der Mandate** sind bis zu fünf Mandate bei Konzernunternehmen nicht anzurechnen. Der Vorsitz in einem Aufsichtsrat ist auf die Höchstzahl doppelt anzurechnen; ausgenommen davon sind Vorsitzmandate im Konzern.

> ## *Gesetzliche Mandatsbeschränkung*
>
> *Das Vorstandsmitglied einer AG hat Aufsichtsratsmandate bei sechs Konzernunternehmen (Tochterunternehmen der AG) und ist Vorsitzender des Aufsichtsrats bei zwei konzernunabhängigen börsennotierten Unternehmen. Er könnte zusätzlich höchstens 10 – 1 – 4 = 5 weitere nicht mit dem Vorsitz verbundene Aufsichtsratsmandate bei Konzern- oder anderen Unternehmen wahrnehmen.*

Die Tätigkeit als Aufsichtsrat kann nicht ohne notwendiges zeitliches Engagement und ausreichende Professionalität ausgeübt werden. Der DCGK empfiehlt daher zu Recht, dass ein Aufsichtsratsmitglied nicht mehr als drei Aufsichtsratsmandate in konzernexternen börsennotierten Unternehmen wahrnehmen soll.

Verhältnismäßig neu ist die vom Gesetz geforderte zweijährige „Abkühlungsphase" für **ehemalige Vorstandsmitglieder**, bevor sie in den Aufsichtsrat wechseln. Ein ehemaliges Vorstandsmitglied kann als Aufsichtsrat die Geschäftsführung nur schlecht objektiv und kritisch beurteilen, wenn es diese bis vor Kurzem wesentlich mit geprägt hat. Begründete Ausnahmen sind bei Familienunternehmen denkbar.

Der unmittelbare Wechsel eines ehemaligen Vorstandsmitglieds in den Aufsichtsrat, insbesondere der direkte Wechsel des Vorstandsvorsitzenden an die Spitze des Aufsichtsrats, verstößt gegen das Gesetz, es sei denn, seine Wahl erfolgt auf Vorschlag von Aktionären, die 25 % der Stimmrechte halten. Generell widerspricht der unmittelbare Wechsel den Grundsätzen guter Unternehmensführung und -überwachung.

Die Satzung einer AG kann bestimmten Aktionären das Recht zugestehen, bis zu einem Drittel der Anteilseignervertreter in den Aufsichtsrat zu entsenden. Bei einer GmbH, die nicht dem MitbestG unterliegt, kann das **Entsendungsrecht** auch anders geregelt werden.

Stellvertreter sind für Aufsichtsratsmitglieder nicht statthaft. Das Aufsichtsratsamt ist höchstpersönlich wahrzunehmen. Es können jedoch **Ersatzmitglieder** gewählt werden, die nachrücken, wenn das gewählte Aufsichtsratsmitglied ausfällt.

Der amtierende Aufsichtsrat hat der Hauptversammlung einen **Vorschlag für die Wahl** von Aufsichtsratsmitgliedern zu machen, an den die Hauptversammlung aber nicht gebunden ist. Der Vorstand hat kein Vorschlagsrecht, um zu verhindern, dass ihm gefällige oder von ihm beeinflussbare Personen in den Aufsichtsrat gewählt werden.

Wahl der Arbeitnehmervertreter

Die Wahl der Arbeitnehmervertreter richtet sich nach den Mitbestimmungsgesetzen. Im Übrigen gelten die vorstehend genannten Voraussetzungen und Ausschlussgründe auch für sie.

Nach dem **DrittelbG** werden die Arbeitnehmervertreter in allgemeiner, geheimer, gleicher und unmittelbarer Wahl von den Arbeitnehmern des Unternehmens gewählt. Sie müssen das 18. Lebensjahr vollendet haben und ein Jahr dem Unternehmen angehören. Leitende Angestellte sind nicht wahlberechtigt. In Konzernen nehmen die Arbeitnehmer der Tochterunternehmen an der Wahl des Aufsichtsrats des Mutterunternehmens teil.

Nach dem **MitbestG** werden die Arbeitnehmervertreter im Aufsichtsrat durch unmittelbare Wahl berufen, wenn die Arbeitnehmer nicht eine Wahl durch Delegierte beschließen. Bei mehr als 8.000 Arbeitnehmern ist in der Regel die Wahl durch Delegierte vorgesehen. Die Arbeitnehmer können auch eine unmittelbare Wahl beschließen. Über ein vom Regelfall abweichendes Wahlverfahren ist in geheimer Abstimmung zu beschließen, wenn mindestens 5 % der Wahlberechtigten einen entsprechenden Antrag stellen. An der Beschlussfassung müssen mindestens 50 % der Arbeitnehmer teilnehmen.

Gerichtliche Bestellung

Eine gerichtliche Bestellung von Aufsichtsratsmitgliedern sieht das Aktiengesetz vor, wenn der Aufsichtsrat nicht über die zur Beschlussfähigkeit nötige Anzahl von Mitgliedern verfügt oder ihm nicht die nach Gesetz oder Satzung zahlenmäßig vorgeschrieben Mitglieder angehören. Der DCGK empfiehlt, die Amtszeit der gerichtlich bestellten Aufsichtsratsmitglieder bis zur nächsten Hauptversammlung zu befristen.

Das Gericht wird nur auf **Antrag** tätig. Antragsberechtigt sind der Vorstand, jedes Aufsichtsratsmitglied und jeder Aktionär. In Bezug auf Arbeitnehmervertreter sind auch die Personalvertretungen des Unternehmens und die zuständigen Gewerkschaften antragsberechtigt.

Abberufung und Amtsniederlegung

Die vorzeitige Abberufung von gewählten **Anteilseignervertretern** kann durch die Hauptversammlung mit 75 % der abgegebenen Stimmen erfolgen, sofern die Satzung nichts anderes vorsieht. Entsandte Aufsichtsratsmitglieder können vom Entsendungsberechtigten jederzeit abberufen und durch eine andere Person ersetzt werden.

Jedes Aufsichtsratsmitglied kann vom Gericht **aus wichtigem Grund** abberufen werden, wenn der Aufsichtsrat mit einfacher Mehrheit einen entsprechenden Antrag beschließt. Wichtige Gründe sind z. B. Wegfall der Wählbarkeit oder mangelhaftes Engagement des Aufsichtsratsmitglieds (z. B. häufiges Fehlen in den Sitzungen). Bei fakultativen Aufsichtsräten richtet sich die Abberufung nach dem Gesellschaftsvertrag.

Arbeitnehmervertreter können durch Beschluss von 75 % der Wahlberechtigten abgerufen werden. Ihr Amt erlischt, wenn die Voraussetzungen für die Wählbarkeit entfallen sind.

Grundsätzlich kann jedes Aufsichtsratsmitglied sein **Amt** ohne nähere Begründung **niederlegen**, allerdings nicht zur Unzeit. Die Satzung kann nähere Bestimmungen wie z. B. eine Ankündigungsfrist enthalten.

Persönliche Qualifikationen und Pflichten

Neben den gesetzlich fixierten Eignungsvoraussetzungen (natürliche, unbeschränkt geschäftsfähige Person) und den normierten Ausschlussgründen (Begrenzung der Mandatszahl und Verbot der Überkreuzverflechtung) sind folgende Eignungsvoraussetzungen für Aufsichtsratsmitglieder von großer Bedeutung.

Unabhängigkeit

Die Unabhängigkeit der Aufsichtsratsmitglieder gegenüber Vorstand und Gesellschaft ist nicht gesetzlich normiert, obwohl sie im dualistischen System prinzipiell angelegt ist. Sie soll eine objektive und wirksame Überwachung der Geschäftsführung gewährleisten. Lediglich für kapitalmarktorientierte Unternehmen verlangt das Gesetz, dass mindestens ein unabhängiges Mitglied des Aufsichtsrats als sog. Finanzexperte über Sachverstand auf den Gebieten der Rechnungslegung oder Abschlussprüfung verfügen muss.

Der DCGK empfiehlt, dass dem Aufsichtsrat eine nach seiner Einschätzung **ausreichende Anzahl unabhängiger**

Mitglieder angehören soll. Im Interesse guter Überwachung gilt das auch für den Aufsichtsrat von Tochterunternehmen.

„Unabhängig" bedeutet, dass das Aufsichtsratsmitglied in keiner geschäftlichen oder persönlichen Beziehung zu der Gesellschaft oder deren Vorstand steht, die einen Interessenkonflikt begründet. „Ausreichend" heißt, dass eine objektive und neutrale Überwachung der Geschäftsführung gewährleistet ist.

Interessenkonflikte

Jedes Aufsichtsratsmitglied ist in seiner Funktion dem Unternehmensinteresse verpflichtet. Es darf bei seinen Entscheidungen weder persönliche Interessen verfolgen noch Geschäftschancen, die dem Unternehmen zustehen, für sich nutzen. Der DCGK gibt in diesem Zusammenhang folgende Empfehlungen:

Zur Vermeidung von Interessenkonflikten sollen Aufsichtsratsmitglieder keine Organ- oder Beratungsfunktion bei wesentlichen Wettbewerbern ausüben. Dem Aufsichtsrat sollen nicht mehr als zwei ehemalige Vorstandsmitglieder der Gesellschaft angehören.

Etwaige Interessenkonflikte, die sich aufgrund von Beziehungen zu Geschäftspartnern ergeben, sollen dem Aufsichtsrat gegenüber offengelegt werden. Über aufgetretene Interessenkonflikte und deren Behandlung soll der Aufsichtsrat in seinem Bericht an die Hauptversammlung informieren. Bei wesentlichen, nicht vorübergehenden

Interessenkonflikten soll das betreffende Aufsichtsratsmitglied sein Amt niederlegen.

> In der Praxis werden mögliche oder tatsächliche Interessenkonflikte zwischen Unternehmen und Aufsichtsratsmitglied oft zu großzügig ignoriert.

Kenntnisse und Erfahrungen

Der Gesetzgeber fordert für die Mitglieder des Aufsichtsrats keine spezifischen Kenntnisse und Erfahrungen, verlangt aber die Sorgfalt eines ordentlichen und gewissenhaften Überwachers (s. S. 16) und macht sie für Verletzungen der Sorgfaltspflicht verantwortlich und u. U. auch haftbar.

> Der Bundesgerichtshof (BGH) fordert von jedem Aufsichtsratsmitglied, dass es diejenigen **Mindestkenntnisse und -fähigkeiten** besitzen oder sich aneignen muss, um alle gewöhnlich anfallenden Geschäftsvorgänge auch ohne fremde Hilfe verstehen und sachgerecht beurteilen zu können.

Das Aufsichtsratsmitglied muss in der Lage sein, aufgrund seines Wissens und anhand der für ihn zugänglichen Informationen auch schwierigere rechtliche und wirtschaftliche Sachverhalte zu durchschauen und ihre tatsächlichen oder möglichen Auswirkungen auf das Unternehmen zu würdigen. Diese Anforderungen gelten gleichermaßen für Anteilseigner- und Arbeitnehmervertreter im Aufsichtsrat.

Die höchstpersönliche Wahrnehmung des Mandats erfordert es, dass jedes Aufsichtsratmitglied über jene Kenntnisse, Fähigkeiten und Erfahrungen verfügt, um die dem Aufsichtsrat vorbehaltenen Entscheidungen mitzuberaten und mitzutreffen. Es muss wesentliche Lücken in der Berichterstattung des Vorstands erkennen und bei Unvollständigkeit oder Unklarheit zusätzliche Auskünfte erbitten.

> Jedes Aufsichtsratmitglied muss in der Lage sein, die für die Überwachung zur Verfügung stehenden Unterlagen und Informationen in ihrem wesentlichen Inhalt zu verstehen und in ihrer Bedeutung zu würdigen. **!**

Neben den allen Aufsichtsratmitgliedern abverlangten Mindestkenntnissen verfügt jedes Mitglied über spezielle Kenntnisse, Fähigkeiten und Erfahrungen, die in die Aufsichtsratarbeit einzubringen sind. Sie dienen zur vertiefenden Diskussion im Aufsichtsrat, zur fachlichen Aufklärung der übrigen Aufsichtsratmitglieder sowie zur Fundierung der Beratung im Aufsichtsrat und mit dem Vorstand. Sie beziehen sich auf Produkte, Märkte, Verfahrenstechniken, Finanzierungsfragen u. Ä.

Checkliste: Diese Mindestkenntnisse sind erforderlich	
Ein Mindestmaß an **unternehmerischer Erfahrung**, um die Geschäfte und die Faktoren für den Geschäftserfolg sowie die spezifischen Risiken und Chancen des Unternehmens und notwendiges unternehmerisches Handeln zu erkennen und zu beurteilen	✓

Checkliste: Diese Mindestkenntnisse sind erforderlich	
Betriebswirtschaftliches Sachverständnis, um die wesentlichen Erfolgsfaktoren des Geschäfts zu identifizieren, um die Risiken und Chancen des Unternehmens würdigen und um die Berichterstattung des Vorstands zutreffend verarbeiten zu können	
Grundkenntnisse des Gesellschaftsrechts, um die Zuständigkeiten und Verantwortlichkeiten der Organe und der Unternehmensangehörigen sowie die Zulässigkeit bestimmter Rechtsgeschäfte und Maßnahmen beurteilen zu können	
Grundkenntnisse des Rechnungswesens und des Bilanzrechts, um die Rechnungslegung und insbesondere die Rechnungslegungspolitik beurteilen zu können	
Beurteilungsvermögen zur Mitwirkung an Personalentscheidungen und Beschlüssen über zustimmungspflichtige Geschäfte oder über Vergütungen oder Kreditgewährungen an Vorstands- und Aufsichtsratsmitglieder	

Die notwendigen Kenntnisse und Erfahrungen müssen bei **Amtsantritt** vorhanden sein. Sie können durch die berufliche Tätigkeit des gewählten Aufsichtsratsmitglieds oder auch durch spezielle Fortbildung durch Kurse oder Literatur erworben worden sein.

Um die Produkte und Dienstleistungen sowie die Betriebsstruktur und die Prozesse der betrieblichen Aktivitäten des Unternehmens kennenzulernen, ist jedem neu gewählten Aufsichtsratsmitglied eine **Betriebsbesichtigung** dringend zu empfehlen. Eine Besichtigung sollte für alle Aufsichtsratsmitglieder in regelmäßigen Abständen wiederholt werden, um ihnen die betriebliche Realität und ihre gravierende Änderungen und Weiterentwicklungen vor Augen zu führen.

Persönlicher Einsatz

Das Amt des Aufsichtsrats ist ein **höchstpersönliches**. Aufsichtsratsmitglieder können ihre Aufgaben nicht durch andere wahrnehmen lassen. Sie haben das **Amt** selbst und eigenverantwortlich auszuüben und können sich nicht durch andere Personen vertreten lassen. Daher muss sich jeder Aufsichtsratskandidat fragen, ob er genügend Zeit für die Aufsichtsratstätigkeit erübrigen kann und will.

Größe und Komplexität des Unternehmens sowie seine aktuelle Situation und Entwicklung bestimmen

▸ die Zahl und Dauer der Sitzungen des Aufsichtsrats und seiner Ausschüsse,

▸ Umfang und Frequenz der Vorstandsberichte an den Aufsichtsrat sowie

▸ die Intensität der persönlichen Bearbeitung und Vorbereitung für die Sitzungen und anstehenden Beschlussfassungen.

Nach dem Gesetz muss der Aufsichtsrat zwei Sitzungen im Kalenderhalbjahr abhalten, d. h. mindestens vier **Aufsichtsratssitzungen** pro Jahr. Bei nicht börsennotierten Gesellschaften kann der Aufsichtsrat beschließen, nur eine Sitzung im Kalenderhalbjahr abzuhalten. Außergewöhnliche Vorkommnisse und Entwicklungen machen zusätzliche Zusammenkünfte des Aufsichtsrats erforderlich.

Bei paritätisch mitbestimmten Aufsichtsräten ist es üblich, dass sich die Vertreter der Aktionäre und der Arbeitnehmer in gesonderten Sitzungen, meist in Anwesenheit von Vorstandsmitgliedern, auf die Aufsichtsratssitzung vorbereiten. Diese **Vorbesprechungen** dürfen jedoch nicht dazu führen, dass die Sitzung des Aufsichtsrats ohne eingehende Diskussion der Tagesordnungspunkte stattfindet und nur noch der formalen Beschlussfassung dient.

Vorbereitung und etwaige Vorbesprechungen sowie die laufende Verfolgung der Unternehmensentwicklung anhand von Berichten des Vorstands bedingen neben den Aufsichtsrats- und Ausschusssitzungen einen nicht unerheblichen **Zeitaufwand**.

Jedes Mitglied hat grundsätzlich an jeder Sitzung des Aufsichtsrats teilzunehmen. Zur Absicherung der Präsenz sieht der DCGK vor, dass im Bericht des Aufsichtsrats an die Hauptversammlung vermerkt wird, wenn ein Aufsichtsratsmitglied an weniger als der Hälfte der Aufsichtsratssitzungen teilgenommen hat.

Der notwendige Zeitaufwand dürfte bei größeren Unternehmen und normaler Geschäftsentwicklung mit zehn Arbeitstagen pro Jahr nicht zu hoch angesetzt sein. Ein wesentlich höherer Zeitaufwand ergibt sich in schwierigen Situationen des Unternehmens sowie für Ausschussmitglieder und insbesondere für den Aufsichtsratsvorsitzenden.

Verschwiegenheitspflicht

Jedes Aufsichtsratsmitglied ist zur Verschwiegenheit über vertrauliche Berichte und Beratungen verpflichtet. Verschwiegenheitspflicht und Wahrung der Vertraulichkeit sind eine Grundvoraussetzung für eine offene und umfassende Berichterstattung an den Aufsichtsrat und freimütige Diskussion in diesem Gremium.

Die Verschwiegenheitspflicht betrifft vertrauliche Angaben und Geheimnisse der Gesellschaft, insbesondere Betriebs- und Geschäftsgeheimnisse, die dem Aufsichtsratsmitglied durch seine Aufsichtsratstätigkeit bekannt werden. **Geheimnisse** sind Tatsachen, die nicht offenkundig sind und nach dem geäußerten oder mutmaßlichen Willen des Unternehmens nicht bekannt werden sollen. **Vertrauliche Angaben** betreffen Sachverhalte, die im Interesse des Unternehmens nicht veröffentlicht werden sollen.

Wegen der persönlichen Verantwortung und Verschwiegenheitspflicht ist es nicht gestattet, dass die dem Aufsichtsrat vorgelegten Berichte und Unterlagen oder anstehende Fragen fremden **Sachverständigen** vorlegt und mit ihnen erörtert werden, auch dann nicht, wenn diese gesetzlich zur Verschwiegenheit verpflichtet sind. Stattdessen kann sich das Aufsichtsratsmitglied mit der Bitte um Aufklärung oder sonstige Unterstützung an den Aufsichtsratsvorsitzenden oder ein anderes Aufsichtsratsmitglied wenden.

Nur der Aufsichtsrat als Ganzes kann für bestimmte Aufgaben besondere Sachverständige beauftragen. Ist das geschehen, kann sich das einzelne Aufsichtsratsmitglied an ihn wenden.

Aus der Verschwiegenheitspflicht ergibt sich die Pflicht zum vertraulichen Umgang mit allen schriftlichen Unterlagen, die dem Mitglied in seiner Funktion als Aufsichtsrat zugänglich gemacht oder von ihm selbst angefertigt wurden. Das verlangt, dass solche **Schriftstücke** sicher verwahrt und dem Zugriff unbefugter Personen entzogen werden.

Die Verschwiegenheitspflicht dauert über die Amtszeit hinaus fort. Die vertraulichen Unterlagen sind entweder an das Unternehmen zurückzugeben oder zu vernichten, sodass kein Dritter Zugang dazu hat. Eigene Aufzeichnungen sind entsprechend den handelsrechtlichen Vorschriften sechs Jahre aufzubewahren.

Eigenverantwortung

Die aufgeführten Eignungsvoraussetzungen und Pflichten gelten für jedes Aufsichtsratsmitglied, also sowohl für Anteilseigner- als auch für Arbeitnehmervertreter und sowohl für gewählte wie auch für entsandte oder gerichtlich bestellte Aufsichtsratsmitglieder. Jedes Aufsichtsratsmitglied ist für eine entsprechende Vorsorge und Mitwirkung selbst verantwortlich.

Altersgrenze

Es empfiehlt sich, für Aufsichtsratsmitglieder in der Satzung ein Höchstalter festzulegen. Üblich ist eine Altersgrenze von 70 bis 72 Jahren.

Auf den Punkt gebracht

Für die AG, KGaA und die Genossenschaft sowie für die SE alternativ zum Verwaltungsrat ist ein Aufsichtsrat gesetzlich vorgeschrieben. Kapitalgesellschaften und Genossenschaften mit mehr als 500 Arbeitnehmern haben einen Aufsichtsrat mit Beteiligung von Arbeitnehmervertretern zu bilden.

Eine verantwortungsvolle Überwachung der Geschäftsführung setzt ausreichende (Mindest-)Kenntnisse und Erfahrungen, persönlichen Einsatz und Unabhängigkeit der Mitglieder des Überwachungsorgans voraus. Die weitergehenden Informationsrechte der Aufsichtsratsmitglieder sind mit einer strengen Verschwiegenheitspflicht gekoppelt.

Organisation der Aufsichtsratstätigkeit

Notwendigkeit und Effizienz

Anlass und Zweck

Für eine wirkungsvolle Überwachung und Beratung der Geschäftsführung sind vom Aufsichtsrat zweckmäßige organisatorische Vorkehrungen zu treffen. Besonders gefordert ist in diesem Zusammenhang der Aufsichtsratsvorsitzende.

Die Selbstorganisation des Aufsichtsrats beginnt nach der Wahl der Mitglieder durch die Hauptversammlung mit der **konstituierenden Sitzung** des Aufsichtsrats. In ihr werden der Vorsitzende des Aufsichtsrats und sein Stellvertreter gewählt sowie ggf. die Geschäftsordnung für den Aufsichtsrat (s. S. 42 ff.) verabschiedet, bestätigt oder geändert und fachlich qualifizierte Ausschüsse des Aufsichtsrats eingesetzt.

Der Aufsichtsrat übt seine Überwachungstätigkeit im Wesentlichen im Rahmen von regelmäßigen **Sitzungen** aus. Besondere Entwicklungen und Ereignisse können Anlass für außerordentliche Aufsichtsratssitzungen sein. Vorbereitung und Durchführung der Sitzung (Terminierung, Unterlagen u. a. m.) sind zu organisieren, um rechtzeitige und begründete Beschlussfassungen sicherzustellen.

Die wesentliche Grundlage für die Überwachungstätigkeit des Aufsichtsrats bildet die regelmäßige **Berichterstattung des Vorstands**. Sie soll gewährleisten, dass der Aufsichtsrat zeitnah und problemorientiert unterrichtet wird. Trotz dieser Bringschuld des Vorstands ist auch der Aufsichtsrat für eine ausreichende Informationsversorgung verantwortlich. Es empfiehlt sich, dass der Aufsichtsrat in einer Informationsordnung für den Vorstand Form, Frequenz und Umfang der Berichterstattung an den Aufsichtsrat festlegt. Zu Einzelheiten s. S. 99 ff.

Evaluierung der Aufsichtsratsarbeit

Der Aufsichtsrat sollte von Zeit zu Zeit oder aus gegebenem Anlass die Zweckmäßigkeit und Wirksamkeit seiner Arbeit überdenken, um notwendige Änderungen oder mögliche Verbesserungen vorzunehmen. Bei börsennotierten Unternehmen soll laut DCGK der Aufsichtsrat regelmäßig die Effizienz seiner Tätigkeit überprüfen.

Die Art und Weise der Effizienzprüfung ist dem Aufsichtsrat überlassen. Bei möglichen Meinungsverschiedenheiten und komplexen Zusammenhängen kann es sich anbieten, einen externen Moderator in die Effizienzüberprüfung einzubeziehen.

Die folgende Checkliste ist als Beispiel für eine Selbstevaluierung durch die Aufsichtsratsmitglieder gedacht, bei der für die einzelnen Punkte Schulnoten vergeben werden. Für die Erstellung einer solchen Checkliste ist jeweils auf die konkreten Gegebenheiten und die entsprechenden Bedürfnisse für eine effiziente Überwachung abzustellen.

Checkliste: Effizienzprüfung	
Qualifikation der Aufsichtsratsmitglieder	✓
▸ Unabhängigkeit ▸ Kompetenz, Erfahrungen und Wissen ▸ Einarbeitung neuer Mitglieder ▸ Fortbildung	
Organisation der Aufsichtsratsarbeit	
▸ Zusammensetzung des Aufsichtsrats ▸ Ausschüsse (Aufgaben, Aktivitäten, Berichterstattung) ▸ Vorbereitung der Sitzungen (Fristen, Unterlagen) ▸ ausreichender Zeitrahmen ▸ Information durch den Aufsichtsratsvorsitzenden ▸ Information und Kontakte zwischen den Sitzungen	
Zusammenarbeit Aufsichtsrat/Vorstand	
▸ Geist, Klima und Intensität der Zusammenarbeit ▸ Informationen durch den Vorstand (aktuell, vollständig, zutreffend; auch nicht-finanzielle Sachverhalte betreffend) ▸ Diskussion über strategische Zielsetzungen und kritische Erfolgspositionen sowie über Eckwerte der Planung und ihrer Realisierung ▸ Nachfolgeplanung für Vorstand und wichtige Führungspositionen	

Checkliste: Effizienzprüfung	
Informationen zur laufenden Überwachung der Unternehmensaktivitäten und seiner Risiken	
▸ internes Kontrollsystem einschließlich interner Revision	
▸ Controlling	
▸ Finanz- und Cash-Management, Finanzrisiken	
▸ Risikomanagement (Risikokatalog, Verfolgung wesentlicher Risiken, Risikobewältigung)	
Markt- und Produktinformationen	
▸ Markt- und Wettbewerbsposition	
▸ Produktentwicklung	
Finanzberichterstattung	
▸ Finanzplanung, Finanzierung	
▸ Arbeit des Prüfungsausschusses	
▸ Kontakt mit dem Abschlussprüfer	
▸ Unterlagen für die eigene Abschlussprüfung	
▸ Investors Relation	

Geschäftsordnung für den Aufsichtsrat

Erlass einer Geschäftsordnung

Es hat sich bewährt, über die gesetzlichen und satzungsmäßigen Bestimmungen hinaus die praktische Arbeit des Aufsichtsrats und seiner Ausschüsse in einer Geschäftsordnung zu regeln. Die Satzung oder der Gesellschaftsvertrag enthält normalerweise nur Rahmenbestimmungen und überlässt die Ausgestaltung im Einzelnen einer Geschäftsordnung. Im Vergleich zu Satzungsbestimmungen können Geschäftsordnungen flexibler gehandhabt und an Entwicklungen leichter angepasst werden.

Bei mitbestimmten Gesellschaften können ausführliche Satzungsbestimmungen angebracht sein, weil insoweit die Regelungskompetenz bei den Unternehmenseignern verbleibt.

Zuständig für den Erlass einer Geschäftsordnung ist der Aufsichtsrat. Er beschließt mit einfacher Mehrheit über deren Erlass und Inhalt sowie über etwaige Änderungen.

Inhalt

Unter Bezugnahme auf die Gesetzes- und Satzungsbestimmungen regelt die Geschäftsordnung für den Aufsichtsrat beispielsweise folgende Sachverhalte.

Inhalt der Geschäftsordnung

▸ **Wahl des Vorsitzenden** *und seines Stellvertreters*

▸ **Einberufung von Aufsichtsratssitzungen** *(Frequenz, Fristen, Zuständigkeit, außerordentliche Sitzungen, Sitzungsunterlagen)*

▸ **Teilnahme an Aufsichtsratssitzungen** *(Vorstand, Sachverständige, Auskunftspersonen)*

▸ **Beschlussfähigkeit und Beschlussfassung** *(Stimmbotschaften, Beschlussfassung außerhalb von Sitzungen, zulässige Telekommunikationsmittel)*

▸ **Sitzungsprotokoll** *(Protokollführer, Genehmigung des Protokolls)*

▸ **Kommunikation** *zwischen den Aufsichtsratssitzungen*

▸ *Ermächtigung des Vorsitzenden zur Durchführung von Beschlüssen, Entgegennahme und Abgabe von Erklärungen*

▸ *Einrichtung, Aufgaben und Kompetenzen sowie Berichtspflichten von* **Ausschüssen**

▸ *Behandlung von* **Interessenkonflikten** *(Beratungsverträge mit Aufsichtsratmitgliedern, Wettbewerbsverbot)*

▸ *Festlegung zustimmungspflichtiger Geschäfte*

▸ *Besondere Maßnahmen zur Wahrung der* **Vertraulichkeit und Verschwiegenheit**

Beschlussfassung des Aufsichtsrats

Aufsichtsratssitzungen

Der Aufsichtsrat entscheidet durch Beschluss; in der Regel im Rahmen einer Aufsichtsratssitzung.

Einberufung

Die Aufsichtsratssitzung wird durch den Aufsichtsratsvorsitzenden einberufen. Abgesehen von den gesetzlichen Vorgaben (s. S. 33 und 52 ff.) entscheidet der Aufsichtsratsvorsitzende nach eigenem Ermessen, wie oft und wann er den Aufsichtsrat einberuft. Allerdings kann jedes Aufsichtsratmitglied oder der Vorstand verlangen, dass der Vorsitzende des Aufsichtrats unverzüglich eine Sitzung einberuft, die innerhalb von zwei Wochen nach Einberufung stattfinden muss.

Mit der Einberufung sind Ort und Zeit der Sitzung sowie die Tagesordnung mitzuteilen. Wenn weder Satzung noch Geschäftsordnung für den Aufsichtsrat eine andere Einberufungsfrist vorsehen, gilt für die Einberufung die oben genannte Frist von zwei Wochen.

Die technische Durchführung der Einladung kann der Vorsitzende dem Vorstand übertragen.

Die **Tagesordnung** muss spätestens bis zum letzten zulässigen Einberufungstag bekannt gegeben werden. Dabei sind möglichst frühzeitig etwaige Beschlussanträge mitzuteilen.

Über Ergänzungsanträge zur Tagesordnung entscheidet der Aufsichtsratsvorsitzende nach pflichtmäßigem Ermessen. Ergänzungsanträge zu angekündigten Tagesordnungspunkten sind zuzulassen, wenn sie rechtzeitig gestellt wurden. Der Vorsitzende muss veranlassen, dass die anderen Aufsichtsratsmitglieder rechtzeitig informiert werden.

Teilnehmer

Neben den Aufsichtsratsmitgliedern werden in der Regel auch die Mitglieder des Vorstands zur Aufsichtsratssitzung eingeladen, doch kann und soll der Aufsichtsrat bei Bedarf auch ohne den Vorstand tagen. Personen, die weder dem Aufsichtsrat noch dem Vorstand angehören, sollen an den Sitzungen des Aufsichtsrats nicht teilnehmen.

Sachverständige und Auskunftspersonen können zur Beratung über einzelne Gegenstände hinzugezogen werden. Soweit das Plenum nicht mehrheitlich anders entscheidet, bestimmt der Vorsitzende über deren Teilnahme.

Die Satzung kann vorsehen, dass Personen, die nicht dem Aufsichtsrat angehören, anstelle von verhinderten Aufsichtsratsmitgliedern als Stimmboten teilnehmen können, wenn diese sie hierzu in Textform ermächtigt haben.

Sitzungsablauf und Beschlussfassung

Der Aufsichtsratsvorsitzende eröffnet die Aufsichtsratssitzung, stellt **einleitend** die fristgerechte Einladung zur Sitzung, die Anwesenheit der Teilnehmer und die **Beschlussfähigkeit** des Gremiums fest. Soweit Gesetz oder Satzung nichts anderes bestimmen, ist der Aufsichtsrat nur beschlussfähig, wenn mindestens die Hälfte seiner Mitglieder anwesend oder durch Stimmbotschaften vertreten ist. In jedem Fall müssen mindestens drei Mitglieder an der Beschlussfassung teilnehmen.

Der Vorsitzende bestimmt die **Reihenfolge der Tagesordnungspunkte**, der Redner und der Anträge, die zur Abstimmung gelangen.

Jedes Aufsichtsratsmitglied kann Anträge zur Geschäftsordnung und im Rahmen der Tagesordnung Sachanträge stellen.

Beschlüsse fasst der Aufsichtsrat durch entsprechende Stimmabgabe seiner Mitglieder. Abwesende Aufsichtsratsmitglieder können dadurch an der Beschlussfassung teilnehmen, dass sie eine schriftliche **Stimmabgabe** durch andere Mitglieder oder zur Sitzungsteilnahme berechtigte Personen überreichen lassen.

Um sicher zu sein, dass Aufsichtsratsmitglieder auch bei unerwartetem Fernbleiben zumindest an der Beschluss-fassung teilnehmen, sollten von allen Mitgliedern für die in der Tagesordnung bekannt gegebenen Beschluss-fassungen Stimmbotschaften eingeholt werden.

Der Vorsitzende stellt bei Beschlussfassungen das **Abstimmungsergebnis** fest, indem er die Ja- und Neinstim-men sowie die Enthaltungen mit der Beschlussfassung bekannt gibt. Er muss ggf. prüfen, ob unzulässige Stimmen abgegeben wurden. Das Abstimmungsergebnis muss ins Protokoll der Aufsichtsratssitzung aufgenommen werden.

Beschlussfassung außerhalb der Sitzungen

Beschlüsse können auch außerhalb von Aufsichtsratssit-zungen in schriftlicher, fernmündlicher oder anderer ver-gleichbarer Form gefasst werden, wenn kein Aufsichts-ratsmitglied dem Verfahren widerspricht. Anderweitige Regelungen durch die Satzung oder eine Geschäftsord-nung sind möglich.

Das Stimmrecht hat jedes Aufsichtsratsmitglied persönlich auszuüben. Adressat ist der Aufsichtsratsvorsitzende, der auch für die Feststellung des Ergebnisses der Beschlussfas-sung zuständig ist. Es empfiehlt sich, die genannten For-men der Stimmenabgabe formularmäßig vorzubereiten. Bei wichtigen Beschlüssen ist es üblich, sie in der nächsten Aufsichtsratssitzung zu bestätigen.

Der Aufsichtsratsvorsitzende

Wahl

Der Aufsichtsrat hat nach näherer Bestimmung der Satzung aus seiner Mitte einen Vorsitzenden und mindestens einen Stellvertreter zu wählen. Die Wahl geschieht in einer **konstituierenden Sitzung** des Aufsichtsrats, die mangels anderslautender Satzungsbestimmung vom ältesten Aufsichtsratsmitglied geleitet wird. Im Regelfall entscheidet die einfache Mehrheit der Mitglieder. Die Wahl erfolgt üblicherweise für die Amtszeit des Aufsichtsrats.

Bei Unternehmen, die dem **MitbestG** unterliegen, sind der Aufsichtsratsvorsitzende und sein Stellvertreter mit einer Mehrheit von zwei Dritteln der Aufsichtsratsmitglieder zu wählen. Wird die erforderliche Mehrheit nicht erreicht, werden in einem zweiten Wahlgang der Vorsitzende von den Anteilseignervertretern im Aufsichtsrat und der Stellvertreter von den Arbeitnehmervertretern jeweils mit der Mehrheit der abgegebenen Stimmen gewählt.

Der Vorstand hat die gewählten Personen zum Handelsregister anzumelden.

Aufgaben und Anforderungen

Der Aufsichtsratsvorsitzende hat den Aufsichtsrat zu leiten und zu koordinieren. Er **leitet die Aufsichtsratssitzungen** und beruft diese ein. Zwischen den Sitzungen informiert er bei Bedarf die anderen Aufsichtsratsmitglieder.

Der Vorsitzende hat für die Recht- und Ordnungsmäßigkeit der Aufsichtsratsarbeit zu sorgen und muss darauf achten, dass alle durch Gesetz, Satzung oder Geschäftsordnung festgelegten Regeln über die Kompetenzen des Aufsichtsrats und für das Verfahren beachtet werden.

Der Aufsichtsratsvorsitzende vertritt nach außen die Belange des Aufsichtsrats. Der Stellvertreter hat nur dann die Rechte des Vorsitzenden, wenn dieser verhindert ist.

Von einem gut qualifizierten Aufsichtsratsvorsitzenden werden **unternehmerische Kompetenz**, nachhaltiges Engagement und Motivationskraft erwartet. Er muss für eine zweckmäßige Organisation der Aufsichtsratstätigkeiten und für eine vertrauensvolle und qualifizierte Zusammenarbeit von Vorstand und Aufsichtsrat sorgen.

Der Vorsitzende des Aufsichtsrats soll regelmäßigen Kontakt zum Vorstand, insbesondere zu dessen Vorsitzenden, halten und mit ihm die Strategie, die Geschäftsentwicklung und das Risikomanagement des Unternehmens beraten.

In enger Verbindung mit dem Vorstand muss der Aufsichtsratsvorsitzende die geschäftliche Entwicklung und die Chancen und Risiken des Unternehmens laufend verfolgen, die Managementleistung des Vorstands und die Managementfähigkeiten der Vorstandsmitglieder kritisch beobachten und fördern. Er muss die Aufsichtsratsmitglieder zu unternehmerischer Mitarbeit motivieren.

Informationsempfang und -weitergabe

Die wichtigste Grundlage für die Überwachung der Geschäftsführung ist die **Berichterstattung des Vorstands**.

Formal genügt es, wenn die schriftlichen Berichte dem Aufsichtratsvorsitzenden zugeleitet werden. Dieser hat dann unverzüglich alle anderen Aufsichtsratsmitglieder über den Inhalt zu informieren oder die Berichte an sie weiterzuleiten. Zur Vereinfachung sollten die regelmäßigen Berichte vom Vorstand unmittelbar an alle Aufsichtsratsmitglieder verteilt werden.

Einen Sonderfall bildet die Berichterstattung aus wichtigem Anlass, die an den Aufsichtsratsvorsitzenden gerichtet ist. Über den Bericht und seinen Inhalt sind die anderen Aufsichtsratsmitglieder spätestens in der nächsten Aufsichtsratssitzung zu informieren.

Leitung der Aufsichtsratssitzung

Zur Vorbereitung auf die Sitzung muss der Aufsichtsratsvorsitzende die Tagesordnung festlegen und sich eingehend mit den zugehörigen Informationen und Unterlagen befassen, um eine sachgerechte Diskussion und Beschlussfassung im Aufsichtrat sicherzustellen. Zur Vorbereitung gehört u. a. die Beratung mit dem Vorstand über aktuelle Themen für die Tagesordnung sowie über ausreichende Informationen und Begründungen für Beschlussanträge.

Der Aufsichtsratsvorsitzende muss dafür sorgen, dass alle nötigen **Sitzungsunterlagen** den Aufsichtsratsmitgliedern rechtzeitig zugehen und dass in Ausnahmefällen Tischvorlagen in erforderlichem Umfang bereitgestellt werden.

Der Aufsichtsratsvorsitzende hat grundsätzlich das gleiche **Stimmrecht** wie jedes andere Aufsichtratsmitglied. Die Satzung kann bestimmen, dass bei Stimmengleichheit seine Stimme den Ausschlag gibt. Zum Zweitstimmenrecht des Aufsichtsratsvorsitzenden nach dem MitbestG s. S. 80.

Der Aufsichtsratsvorsitzende muss dafür sorgen, dass über die Aufsichtsratssitzung eine **Niederschrift** erstellt und nach der Sitzung den Aufsichtsratsmitgliedern zugestellt wird. Es ist üblich, dass das Sitzungsprotokoll in der nächstfolgenden Sitzung vom Plenum genehmigt wird.

Sonstige Rechte und Pflichten

Der Aufsichtsratsvorsitzende hat darauf zu achten, dass die Beschlüsse des Aufsichtsrats auch tatsächlich durchgeführt werden. Dazu sollte dem Protokoll eine Übersicht der gefassten Beschlüsse mit Angabe der für ihre Umsetzung vorgegebenen Termine und der dafür verantwortlichen Personen beigefügt werden. Soweit der Aufsichtsrat die Gesellschaft vertritt (s. S. 15), kann der Vorsitzende mit der **Durchführung von Beschlüssen** bevollmächtigt werden.

Der Aufsichtsratsvorsitzende kann als **Erklärungs- oder Abschlussvertreter** bevollmächtigt werden. Es genügt, wenn für den Aufsichtsrat bestimmte Berichte oder Erklärungen ihm gegenüber abgegeben werden, die er dann den anderen Aufsichtsratsmitgliedern mitzuteilen hat. Der Aufsichtsratsvorsitzende unterzeichnet im Namen des Aufsichtsrats die Verträge mit den Vorstandsmitgliedern.

Üblicherweise bestimmt die Satzung, dass der Aufsichtsratsvorsitzende die Hauptversammlung leitet. Andernfalls entscheidet die Hauptversammlung durch Beschluss über den Versammlungsleiter. Die **Leitung der Hauptver-**

sammlung ist nicht eine Funktion des Aufsichtsratsvorsitzes, sondern eine zusätzliche Aufgabe.

Als Repräsentant des Aufsichtsrats erläutert der Aufsichtsratsvorsitzende der Hauptversammlung den **Bericht des Aufsichtsrats**.

Ordentliche Aufsichtsratssitzungen

Frequenz und Terminierung

Es empfiehlt sich, die Termine für die ordentlichen Aufsichtsratssitzungen eines Geschäftsjahres im Voraus festzulegen. Die **Terminierung** ergibt sich zum Teil zwangsläufig aus dem gewöhnlichen Geschäftsablauf und notwendigen Beschlussfassungen, z. B. im Hinblick auf Budgetierung oder Rechnungslegung.

Bei börsennotierten Unternehmen werden die Sitzungstermine stark vom **Finanzkalender** bestimmt, in dem die Termine für die Veröffentlichung der jährlichen und unterjährigen Finanzberichte sowie für Bilanzpressekonferenzen und die Hauptversammlung festgelegt sind.

Zu beachten sind dabei die gesetzlichen und satzungsmäßigen **Fristen** für die Einberufung des Aufsichtsrats und der Hauptversammlung, für die Vorlage von Abschluss und Lagebericht an den Aufsichtsrat sowie für die Offenlegung des Jahresabschlusses.

Die Termine der Aufsichtsratsausschüsse müssen mit denen der ordentlichen Aufsichtsratssitzungen abgestimmt werden, soweit diese die vom Aufsichtsratsplenum zu fassenden Beschlüsse vorbereiten.

Gegenstand

Tagesordnungspunkt jeder Aufsichtsratssitzung ist die aktuelle **Berichterstattung des Vorstands** über die Geschäftsentwicklung, -ergebnisse und -erwartungen des Unternehmens oder Konzerns sowie über Geschäftsvorfälle von besonderer Bedeutung. Zu berichten ist auch über wesentliche Veränderungen der maßgeblichen Umwelt- und Unternehmensverhältnisse. Ferner sind die jährlichen und unterjährigen Finanzberichte routinemäßiger Gegenstand der Aufsichtsratssitzung, die unmittelbar vor deren Veröffentlichung stattfindet.

Um permanent zu überwachende Gegenstände in angemessenen zeitlichen Abständen ohne aktuellen Anlass vertiefend zu erörtern, empfiehlt es sich, den ordentlichen Aufsichtsratssitzungen regelmäßig wiederkehrende Themenstellungen zuzuordnen. In Abhängigkeit von Bedeutung und Dringlichkeit kann für die routinemäßige Erörterung ein mehrjähriger Turnus genügen oder eine wechselnde Intensität vorgesehen werden.

Sitzungsplanung für das Geschäftsjahr

Wenn man von vier ordentlichen Aufsichtsratssitzungen (zwei je Kalenderhalbjahr) ausgeht und als Geschäftsjahr das Kalenderjahr annimmt, bieten sich die nachfolgend genannten Schwerpunktthemen an. Die vorgeschlagene Zuordnung darf allerdings nicht schematisch gehandhabt werden. Aktuelle Entwicklungen und Ereignisse, saisonale Verschiebungen, neue Dringlichkeiten oder Fristen sowie

Zweckmäßigkeiten können Änderungen erforderlich machen.

Die **erste ordentliche Aufsichtsratssitzung des Jahres** wird in aller Regel die **Bilanzsitzung** des Aufsichtsrats sein (s. S. 57). Soll der Konzernabschluss binnen 90 Tagen nach Geschäftsjahresende öffentlich zugänglich sein, wie es der DCGK für börsennotierte Mutterunternehmen empfiehlt, ist die Bilanzsitzung spätestens Ende März anzuberaumen.

Hauptgegenstand der Sitzung ist die dem Aufsichtsratsplenum vorbehaltene Prüfung des Jahresabschlusses und des Lageberichts sowie ggf. des Konzernabschlusses und des Konzernlageberichts. Üblicherweise werden in der Bilanzsitzung auch die Tagesordnungspunkte der ordentlichen Hauptversammlung behandelt, zu denen der Aufsichtsrat Vorschläge zu machen hat (Gewinnverwendung, Entlastung von Vorstand und Aufsichtsrat, Wahl des Abschlussprüfers).

Die **zweite ordentliche Sitzung** wird häufig im zeitlichen Zusammenhang mit der Hauptversammlung abgehalten, also in der Regel im zweiten Kalendervierteljahr. Wird sie am Tag der Hauptversammlung angesetzt, bleibt vor Beginn der Hauptversammlung selten genug Zeit für ausreichende Diskussionen im Aufsichtsrat. Sinnvoller ist es, die Aufsichtsratssitzung nach der Hauptversammlung anzuberaumen und hierfür eine angemessene Zeitdauer vorzusehen. Nach einer Neuwahl der Aufsichtsratsmitglieder würde dieser Sitzung die konstituierende Sitzung vorangehen.

Im Mittelpunkt der zweiten ordentlichen Aufsichtsratssitzung stehen üblicherweise Grundfragen der **Geschäftspolitik** und der strategischen Ausrichtung des Unternehmens oder Konzerns sowie die Unternehmens- und die Managementstruktur.

Außerdem bietet es sich an, **Vorstandsfragen** zu erörtern, wie die Struktur und Angemessenheit der Vorstandsvergütungen, die Aufgaben und Leistungen einzelner Vorstandsmitglieder und die gemeinsam mit dem Vorstand zu erstellende Nachfolgeplanung.

Als weitere Standardthemen können die Evaluierung der **Effizienz der Aufsichtsratstätigkeit** sowie die der Berichterstattung des Vorstands in Betracht kommen.

In dieser Sitzung sollte auch der **Prüfungsauftrag an den Abschlussprüfer** besprochen werden, vor allem etwaige Schwerpunktsetzungen oder Erweiterungen. Diese Aufgabe kann ganz oder teilweise dem Prüfungsausschuss übertragen werden.

Die **dritte ordentliche Aufsichtsratssitzung**, die meist im September/Oktober angesetzt wird, könnte routinemäßig grundlegenden **Finanzierungsfragen** und bedeutsamen Investitionsvorhaben gewidmet sein.

In diesem Zusammenhang bietet es sich an, das **Risikomanagement** des Unternehmens (Risikopolitik, Maßnahmen zur Risikobewältigung und Risikocontrolling) und das Überwachungssystem eingehend zu würdigen.

Bei der Diskussion über die **unternehmensinterne Kontrolle** und Überwachung geht es um die Kompetenzregelungen im Unternehmen, systematische und automatische Kontrollen, Funktion und Wirkungsweise des Controllingsystems sowie um den Einsatz und die Ergebnisse der internen Revision. Die Behandlung dieses Themenkreises sollte durch den Prüfungsausschuss des Aufsichtsrats vorbereitet werden.

Schließlich sollten in dieser und/oder in der nächsten ordentlichen Sitzung die wesentlichen Prämissen und Annahmen für die anstehende (mehrjährige) Unternehmensplanung und für das Budget des nächsten Jahres erörtert werden.

Die **vierte ordentliche Aufsichtsratssitzung** des Geschäftsjahres (meist Ende November/Anfang Dezember), dürfte im Schwerpunkt die **Vorschau** auf den Jahresabschluss für das zu Ende gehende Geschäftsjahr und die mehrjährige **Unternehmensplanung** und das Budget für das kommende Geschäftsjahr zum Gegenstand haben.

Im Rahmen dieser Sitzung sollte auch die für börsennotierte Unternehmen vorgeschriebene Entsprechenserklärung zu den Empfehlungen des DCGK aktualisiert und verabschiedet werden, soweit nicht bereits unterjährig Änderungen der Erklärung veranlasst sind.

Ordentliche Aufsichtsratssitzungen

Frühjahr:

‣ *Bilanzsitzung; Prüfung und Billigung des Jahresabschlusses und des Lageberichts*

‣ *Vorbereitung der Hauptversammlung*

‣ *Aufsichtsratsbericht, Corporate-Governance-Bericht*

Sommer:

‣ *Geschäftspolitik, strategische Planung*

‣ *Managementstruktur, Vorstandsfragen*

Herbst:

▸ *Finanzpolitik, Finanzierung, Investitionen*

▸ *Risikomanagement, internes Kontrollsystem*

Winter:

▸ *Vorschau Jahresabschluss*

▸ *Unternehmensplanung, Budget*

▸ *Entsprechenserklärung*

Bilanzsitzung des Aufsichtsrats

Gegenstand

Mit „Bilanzsitzung" kann sowohl die Sitzung des Aufsichtsrats als auch die Sitzung des Prüfungsausschusses gemeint
sein, in der über die Abschlussunterlagen diskutiert und in
der Regel abschließend geurteilt wird. Da der Aufsichtsrat
neben der Ordnungs- auch die Zweckmäßigkeit der Rechnungslegung zu prüfen hat, steht neben den Erläuterungen des Abschlusses durch den Abschlussprüfer die Rechnungslegungspolitik des Vorstands im Mittelpunkt der
Erörterungen.

In der **Bilanzsitzung des Prüfungsausschusses**, an der
regelmäßig der Abschlussprüfer und der Finanzvorstand
teilnehmen, beschließt der Ausschuss über die Ergebnisse
seiner Prüfung der Abschlussunterlagen sowie über Hinweise und Empfehlungen für das Aufsichtsratsplenum.

In der **Bilanzsitzung des Aufsichtsrats** werden der Jahresabschluss und Lagebericht sowie ggf. der Konzernabschluss und Konzernlagebericht erörtert. Eine wichtige
Grundlage bildet der Prüfungsbericht des Abschlussprüfers.

Zusätzlich berichten mündlich der Vorsitzende des Prüfungsausschusses, der Vorstand und der Abschlussprüfer.

Die Bilanzsitzung dient zur weiteren Unterrichtung und Aufklärung der Aufsichtsratsmitglieder über Inhalt und Aussagen des Abschlusses und des Lageberichts sowie der abschließenden Prüfung der vorgelegten Abschlussunterlagen durch den Aufsichtsrat.

In der Bilanzsitzung sind ferner der Gewinnverwendungsvorschlag und der „Rentabilitätsbericht" des Vorstands (s. S. 100) zu behandeln. Da diese Gegenstände mit dem Jahresabschluss sachlich zusammenhängen, sollten sie ebenfalls in Gegenwart des Abschlussprüfers erörtert werden.

An den Beschluss über das Ergebnis der **Abschlussprüfung** durch den Aufsichtsrat schließt sich der Beschluss über die Billigung der Abschlüsse und damit in der Regel die Feststellung des Jahresabschlusses an.

Weitere Themen der Bilanzsitzung sind der **Bericht des Aufsichtsrats** an die Hauptversammlung (s. S. 167 ff.) einschließlich des Corporate-Governance-Berichts und der Entsprechenserklärung zum DCGK von Vorstand und Aufsichtsrat sowie die Vorbereitung der Hauptversammlung mit der Genehmigung der Tagesordnung und den Vorschlägen zur Beschlussfassung, z. B. über die Gewinnverwendung, die Entlastung der Organmitglieder, die Wahl von Aufsichtsratsmitgliedern und die Wahl des Abschlussprüfers.

Teilnahme des Abschlussprüfers

Der Abschlussprüfer hat an der Bilanzsitzung des Aufsichtsrats oder seines Prüfungsausschusses teilzunehmen. Wegen der Bedeutung der Rechnungslegung sollte er sowohl in der Bilanzsitzung des Prüfungsausschusses als auch in der des Aufsichtsrats anwesend sein. Der Aufsichtsrat kann aber entscheiden, dass der Abschlussprüfer nur an einer der beiden Bilanzsitzungen teilnimmt.

Kommt der Abschlussprüfer seiner **Teilnahmepflicht** nicht nach, kann die Gesellschaft auf Teilnahme klagen; die Teilnahme ist Ausfluss des Prüfungsvertrags. Bei Verweigerung der Teilnahme kann die Gesellschaft aus Verletzung des Prüfungsvertrags Schadensersatz verlangen.

Der Abschlussprüfer einer abhängigen AG hat an den Verhandlungen des Aufsichtsrats oder eines Ausschusses über den **Abhängigkeitsbericht** (s. S. 120) teilzunehmen, die in der Regel in der Bilanzsitzung stattfinden, und über die wesentlichen Ergebnisse seiner Prüfung zu berichten.

Einrichtung von Ausschüssen

Der Aufsichtsrat kann aus seiner Mitte einen oder mehrere Ausschüsse bestellen. Über die Bildung, die Aufgaben und die personelle Besetzung der Ausschüsse entscheidet der Aufsichtsrat nach pflichtgemäßem Ermessen. Soweit nicht gesetzlich oder in der Geschäftsordnung des Aufsichtsrats festgelegt, sind die Aufgaben und Kompetenzen der einzelnen Ausschüsse im Beschluss über seine Einsetzung zu definieren.

Zweck und Aufgaben

Aufsichtsratsausschüsse dienen der **Effizienzsteigerung der Aufsichtsratsarbeit**. Sie behandeln komplexe Sachverhalte im Kreis qualifizierter Sachkenner und sollen namentlich die Verhandlungen und Beschlüsse des Aufsichtsrats vorbereiten oder die Ausführung seiner Beschlüsse überwachen. Den Ausschüssen können weitere Aufgaben übertragen werden, z. B. die Bearbeitung oder Erledigung bestimmter Aufgaben. Dabei sind jedoch die gesetzlichen Grenzen der Delegation zu beachten.

Folgende Aufgaben sind **dem Aufsichtsratsplenum vorbehalten** und können daher nicht zur abschließenden Erledigung an einen Ausschuss delegiert werden:

▸ die Überwachung der Geschäftsführung,

▸ Erlass einer Geschäftsordnung für den Vorstand,

▸ Bestellung und Abberufung von Vorstandsmitgliedern,

▸ Festsetzung der Bezüge für den Vorstand,

▸ die Einberufung der Hauptversammlung,

▸ die Prüfung der Rechnungslegung (s. S. 125 ff.),

▸ die Prüfung des Abhängigkeitsberichts,

▸ Beschlüsse, dass bestimmte Arten von Geschäften nur mit Zustimmung des Aufsichtsrats vorgenommen werden dürfen.

Dem Aufsichtsrat ist regelmäßig über die Arbeit der Ausschüsse zu berichten. Dies muss durch den Ausschussvorsitzenden in der nächstfolgenden Sitzung erfolgen; aus

wichtigen Anlässen ist der Aufsichtsratsvorsitzende unverzüglich zu informieren.

Mitglieder

Eine gesetzlich vorgeschriebene Anzahl von vier Mitgliedern gibt es nur für den Vermittlungsausschuss, der nach
dem MitbestG zu bilden ist. Die **Mitgliederzahl** aller sonstigen Ausschüsse sollte im Interesse einer effizienten Arbeit
auf drei bis sechs Mitglieder beschränkt werden. Soweit ein
Ausschuss über die Erledigung bestimmter Aufgaben durch
Beschluss entscheiden soll, muss er mindestens drei Mitglieder haben.

Ausschussmitglieder können nur Mitglieder des Aufsichtsrats sein. Das Paritätsgebot des MitbestG gilt nicht für
die personelle Besetzung von Ausschüssen. Hier sollte die
fachliche Qualifikation der Mitglieder entscheidend sein.

Der Aufsichtsrat bestimmt den Ausschussvorsitzenden. Der
Kodex empfiehlt, dass der Aufsichtsratsvorsitzende zugleich Vorsitzender der Ausschüsse sein soll, die die Vorstandsverträge behandeln und die Aufsichtsratssitzungen
vorbereiten.

Der Aufsichtsratsvorsitzende kann bestimmen, dass Aufsichtsratsmitglieder, die einem Ausschuss nicht angehören,
nicht an den Ausschusssitzungen teilnehmen können.

Übliche Aufsichtsratsausschüsse

Vermittlungsausschuss

In Gesellschaften, die dem **MitbestG** unterliegen, ist im Anschluss an die Wahl des Aufsichtratsvorsitzenden und seines Stellvertreters ein ständiger Ausschuss zu bilden. Seine Aufgabe ist es, einen Wahlvorschlag für die Bestellung eines Vorstandsmitglieds zu unterbreiten, wenn im ersten Wahlgang die notwendige Mehrheit für diese Wahl nicht erreicht wurde.

Dem Vermittlungsausschuss gehören kraft Gesetzes der Aufsichtsratsvorsitzende und sein Stellvertreter sowie je ein Vertreter der Anteilseigner und der Arbeitnehmer als weitere Mitglieder an. Die zwei weiteren Mitglieder werden von jeder Gruppe mit einfacher Mehrheit gewählt.

Prüfungsausschuss

Von besonderer Bedeutung ist die z. T. gesetzlich vorgeschriebene Einrichtung eines Prüfungsausschusses, auf den im folgenden Kapitel besonders eingegangen wird (s. S. 65 ff.). Schon vor der gesetzlichen Regelung war in vielen Gesellschaften ein Bilanz- oder Finanzausschuss eingerichtet worden, der dieselben oder ähnlich Aufgaben wie der Prüfungsausschuss hatte.

Nominierungsausschuss

Der DCGK empfiehlt börsennotierten Gesellschaften, einen Nominierungsausschuss des Aufsichtrats einzurichten, der ausschließlich aus Anteilseignervertretern zusammengesetzt ist. Er soll dem Aufsichtsrat für dessen Wahlvorschläge an die Hauptversammlung geeignete Aufsichtsratskandidaten vorschlagen.

Beteiligungsausschuss

In mitbestimmten Unternehmen, die an anderen mitbestimmten Unternehmen beteiligt sind, bedarf die Ausübung der Beteiligungsrechte in Bezug auf die Bestellung, den Widerruf oder die Entlastung von Verwaltungsträgern der ausdrücklichen Beschlussfassung der Anteilseignervertreter im Aufsichtsrat. Diese Aufgabe kann an einen Ausschuss übertragen werden.

Präsidialausschuss

In vielen Gesellschaften wird ein Präsidialausschuss gebildet, wobei Aufgaben und Zusammensetzung unterschiedlich festgelegt sind. Dem Präsidialausschuss gehören der Aufsichtsratsvorsitzende als Ausschussvorsitzender und sein Stellvertreter sowie meist zwei oder drei weitere Aufsichtsratsmitglieder an. Die Einrichtung ist vielfach bereits in der Geschäftsordnung des Aufsichtsrats vorgesehen.

Der Ausschuss soll den Aufsichtsratsvorsitzenden in seiner Arbeit, namentlich zwischen den Aufsichtsratssitzungen, unterstützen. Er befasst sich häufig mit Personalfragen sowie mit kritischen Entwicklungen des Unternehmens und besonders eilbedürftigen Entscheidungen, die er im Rahmen der Delegationsmöglichkeiten selbst trifft bzw. für die Beschlussfassung im Plenum des Aufsichtsrats vorbereitet.

Personalausschuss

Ein Personalausschuss bietet sich aus Gründen der besonderen Vertraulichkeit personeller Angelegenheiten an. Der
Ausschuss darf aber weder die dem Aufsichtsratsplenum
vorbehaltenen Entscheidungen präjudizieren noch dem
Plenum die wesentlichen Inhalte seiner Diskussionen vor-
enthalten.

Im Allgemeinen werden ihm folgende Aufgaben übertragen:

▸ Vorschläge an das Plenum für die Berufung von Vorstandsmitgliedern, Sichtung und Wertung von Bewer-
  bungsunterlagen, Interviews mit den Kandidaten

▸ (Vor-)Verhandlungen über Dienstverträge der Vorstandsmitglieder, insbesondere hinsichtlich Einzelheiten
  des Vertrags, sowie über ihre Verlängerung oder Aufhebung, ohne jedoch der Entscheidung durch das Plenum
  vorzugreifen

Weitere Ausschüsse

Kreditausschüsse werden vor allem bei Kreditinstituten
eingesetzt, die insbesondere für die Risikoüberwachung
und für Kreditanträge zuständig sind.

Andere Ausschüsse werden in Abhängigkeit von aktuellen oder besonders relevanten Themenstellungen oft ad
hoc eingesetzt, wie z. B. ein Bau- oder Investitionsaus-
schuss, ein Sozialausschuss (der sich mit Arbeitsbedingun-
gen und Sozialeinrichtungen befasst) oder ein Anlageaus-
schuss bei Versicherungsunternehmen.

Prüfungsausschuss

Zweck

Der Aufsichtsrat kann einen Prüfungsausschuss bestellen, der sich mit

▶ der Überwachung des Rechnungslegungsprozesses,

▶ der Wirksamkeit des internen Kontroll- und Revisionssystems,

▶ dem Risikomanagement sowie

▶ der Abschlussprüfung durch den Abschlussprüfer

befasst. Der DCGK nennt als zusätzliche Aufgaben des Prüfungsausschusses die Erteilung des Prüfungsauftrags an den Abschlussprüfer, die Bestimmung von Prüfungsschwerpunkten und die Honorarvereinbarung mit dem Abschlussprüfer.

Der Prüfungsausschuss wird oft mit dem angloamerikanischen **Audit Committee** gleichgesetzt. Hierbei handelt es sich um einen Ausschuss des Boards oder Verwaltungsrats, der sich ausschließlich aus nicht geschäftsführenden Boardmitgliedern zusammensetzt und die Geschäftsführung durch die für die Umsetzung der Geschäftsführungsmaßnahmen und für das Tagesgeschäft zuständigen Verwaltungsratsmitglieder (sog. geschäftsführende Verwaltungsratsmitglieder) überwachen soll. Es fehlt allerdings die klare Trennung von Geschäftsführung und Überwachung der Geschäftsführung, wie sie im dualistischen Verwaltungssystem angelegt ist (s. S. 7).

Die **Bündelung der spezifischen Kenntnisse** im Prüfungsausschuss und die konzentrierte Prüfung durch seine Mitglieder ermöglichen tiefer gehende Analysen und fachlich qualifizierte Aufbereitungen der zu prüfenden Unterlagen, wie sie sich im Aufsichtsratsplenum kaum verwirklichen lassen.

Der Prüfungsausschuss kann kritischen Sachverhalten zügiger und **flexibler** nachgehen. Für ihn ist es leichter, sich bereits vor der endgültigen Aufstellung des Abschlusses mit dem Rechenwerk und mit der Rechnungslegungspolitik des Unternehmens zu befassen, um frühzeitig Gestaltungsvarianten oder die Ausnutzung von Ermessensspielräumen zu hinterfragen oder den Abschlussprüfer auf notwendige oder zweckmäßige Prüfungsschwerpunkte hinzuweisen.

Mit dem **kontinuierlichen und intensiveren Kontakt** des Prüfungsausschusses **zum Abschlussprüfer**, zum Finanzvorstand und zur internen Revision kann das Informationsdefizit des Aufsichtsrats gegenüber dem Vorstand verringert werden.

Einrichtung und Mitglieder des Ausschusses

Im Hinblick auf die verschärften Anforderungen an die Überwachungstätigkeit des Aufsichtsrats verdichtet sich die mögliche Einrichtung eines Prüfungsausschusses bei komplexen Geschäftstätigkeiten und Strukturen des Unternehmens zu einer **Selbstorganisationspflicht**, wenn der Aufsichtsrat mehr als sechs Mitglieder umfasst.

Über die Bildung und Besetzung eines Prüfungsausschusses entscheidet der Aufsichtsrat mit einfacher Stimmenmehrheit. Er bestimmt den Vorsitzenden des Prüfungsausschusses. Als Mitglieder des Ausschusses kommen nur Aufsichtsratsmitglieder infrage. Der Ausschuss braucht mindestens drei Mitglieder, um vom Aufsichtsrat delegierte Entscheidungen treffen zu können. Er sollte im Interesse der Arbeitseffizienz nicht mehr als sechs Mitglieder haben.

Die Mitglieder des Prüfungsausschusses müssen über ein solides **Grundverständnis der Rechnungslegung** und über Managementerfahrungen in Bezug auf die unternehmensbezogenen Überwachungs- und Kontrollmechanismen verfügen. Von ihnen werden neben analytischer Begabung und Zahlenverständnis generelle Kenntnisse des Bilanzrechts sowie die Bereitschaft erwartet, sich hinreichend über die anzuwendenden Rechnungslegungsnormen und aktuell über deren wesentliche Änderungen zu informieren.

Mindestens ein Ausschussmitglied muss ausreichende Kenntnisse und praktische Leitungserfahrung im Finanz- und Rechnungswesen von Unternehmen aufweisen, mit den wesentlichen Einzelheiten der Buchführung und der Rechnungslegung sowie der Unternehmensfinanzierung vertraut sein und Verständnis für Prüfungsprozesse haben.

Bei kapitalmarktorientierten Gesellschaften muss dieser sog. **Finanzexperte** unabhängig sein und über Sachverstand auf den Gebieten der Rechnungslegung oder Abschlussprüfung verfügen. Er trägt eine besondere haftungsrechtliche Verantwortung, denn er erfüllt eine spezielle Funktion im Interesse der Kapitalmarktteilnehmer.

Kapitalmarktorientierte Kapitalgesellschaften, die keinen Aufsichtsrat oder Verwaltungsrat haben oder deren Überwachungsorgan keinen unabhängigen Finanzexperten aufweist, müssen einen Prüfungsausschuss einrichten, dessen Mitglieder von den Gesellschaftern zu wählen sind. Mindestens ein Mitglied muss als Finanzexperte qualifiziert sein. Der Vorsitzende eines solchen Prüfungsausschusses darf nicht mit der Geschäftsführung betraut sein.

Im Interesse einer unbefangenen internen Kontrolle sollten alle Mitglieder des Prüfungsausschusses vom Unternehmen bzw. vom Management des Unternehmens **unabhängig** sein. Sie sollten in keiner geschäftlichen oder persönlichen Beziehung zur Gesellschaft oder deren Vorstand stehen, die einen Interessenkonflikt begründet. Die Mitglieder des Prüfungsausschusses sollten keine besonders zu vergütende Beratungs- oder Dienstleistungen für das Unternehmen erbringen. Höchstens ein Ausschussmitglied sollte ein ehemaliges Vorstandsmitglied der Gesellschaft sein.

Aufgaben und Kompetenzen

Der Aufsichtsrat bestimmt die Aufgaben und Kompetenzen des Prüfungsausschusses. Dabei ist zu entscheiden, welche delegierbaren Aufgaben des Aufsichtsrats dem Prüfungsausschuss übertragen werden. Dazu gehören z. B. die Ermächtigung zur Erteilung des Prüfungsauftrags an den Abschlussprüfer, das Recht zur Vereinbarung des Prüfungshonorars, Festlegung von Prüfungsschwerpunkten oder das Recht, regelmäßige Berichte über die Ausgestaltung und Veränderungen des internen Kontrollsystems und dessen Wirksamkeit zu erhalten.

Den Schwerpunkt der Ausschussarbeit bildet üblicherweise die Rechnungslegung. Dem Prüfungsausschuss kann jedoch nicht die dem Aufsichtsrat insgesamt und jedem Aufsichtsratmitglied obliegende **Prüfung des Jahresabschlusses** und gegebenenfalls des Konzernabschlusses übertragen werden. Insoweit kann der Prüfungsausschuss **nur vorbereitend** tätig werden. Er kann durch Detailuntersuchungen und deren zusammengefassten Ergebnisse sowie durch Erläuterung von kritischen Sachverhalten und Entwicklungen die übrigen Aufsichtsratmitglieder unterstützen, die ihre Prüfung des Jahres- und Konzernabschlusses innerhalb eines relativ kurzen Zeitraums durchführen müssen.

Im Zusammenhang mit dem **internen Steuerungs- und Überwachungssystem** des Unternehmens wird sich der Prüfungsausschuss auch mit der Prüfungsplanung und den Prüfungsergebnissen der **internen Revision** sowie mit der Organisation und Funktionsweise des **Risikomanagements** befassen.

Mitarbeiter der Gesellschaft, wie der Leiter des Rechnungswesens, der Innenrevision oder des Risikomanagements, dürfen vom Prüfungsausschuss prinzipiell nur mit Zustimmung des Vorstands für Auskünfte und Rückfragen herangezogen werden. Andernfalls würden die Autorität des Vorstands und das Vertrauensverhältnis zwischen ihm und seinen Mitarbeitern beeinträchtigt.

Sollte jedoch durch die Einschaltung des Vorstands oder durch Anhörung in Gegenwart des Vorstands die Aufklärung eines Sachverhalts zum Nachteil des Unternehmens infrage gestellt werden, kann der Aufsichtsrat oder der Prüfungsausschuss den Angestellten unmittelbar heranziehen und auch in Abwesenheit des Vorstands befragen.

Dem Aufsichtsrat ist grundsätzlich in jeder ordentlichen Aufsichtsratssitzung über die Arbeit des Prüfungsausschusses zu berichten. Bei gravierenden Vorkommnissen oder Feststellungen ist eine unverzügliche Unterrichtung des Aufsichtsratsvorsitzenden geboten.

Auf den Punkt gebracht

Eine wirkungsvolle Überwachungstätigkeit verlangt entsprechende organisatorische Vorkehrungen. Dazu gehört z. B. eine Geschäftsordnung für den Aufsichtsrat, welche die Arbeitsweise und Beschlussfassungen des Aufsichtsrats und seiner Ausschüsse regelt.

Der Aufsichtsratsvorsitzende leitet und koordiniert die Aufsichtsratstätigkeit. Das erfordert persönliches Engagement und einen erheblichen Arbeitsaufwand. Vom Vorsitzenden werden unternehmerisches Denken, Integrität sowie ausgeprägte Kommunikations- und Motivationsfähigkeiten erwartet.

Personalkompetenz für den Vorstand

Der nachhaltige Erfolg eines Unternehmens wird maßgeblich von der Qualität des Topmanagements bestimmt. Bei der Aktiengesellschaft und der Genossenschaft wird das Topmanagement oder die Unternehmensleitung durch den **Vorstand**, bei der GmbH durch die Geschäftsführer wahrgenommen. Der Vorstand leitet als Organ die Gesellschaft unter eigener Verantwortung.

Die Auswahl, Berufung und Beurteilung von Mitgliedern des Vorstands und deren laufende Überwachung sind die wichtigsten und verantwortungsvollsten Aufgaben des Aufsichtsrats.

Zusammensetzung des Vorstands

Der Vorstand kann aus einer oder mehreren Personen bestehen. Bei Gesellschaften mit einem Grundkapital von mehr als 3 Mio. Euro hat der Vorstand aus mindestens zwei Personen zu bestehen, es sei denn, die Satzung bestimmt, dass er aus einer Person bestehen soll. Im Übrigen richtet sich die Zusammensetzung des Vorstands vor allem nach der Größenordnung und Eigenart der Tätigkeiten des Unternehmens. Sie ist so zu bestimmen, dass das Unternehmen ordnungsgemäß und erfolgreich geführt wird. Bei größeren Unternehmen sind die verschiedenen Ressorts, die nach betrieblichen Funktionen oder nach Zentral- und Produkt- oder Marktbereichen gegliedert sein können, mit entsprechenden Fachleuten zu besetzen.

Wie bei seiner eigenen Zusammensetzung soll der Aufsichtsrat bei der Zusammensetzung des Vorstands auf **Vielfalt** achten und dabei insbesondere eine angemessene Berücksichtigung von Frauen anstreben. Die vom DCGK empfohlene Diversität bezieht sich auf die fachliche, internationale und geschlechterspezifische Zusammensetzung des Vorstands. Sie sollte Umfang und Struktur der Betriebe und Geschäfte des Unternehmens berücksichtigen.

Vorstandsvorsitzender

Bei mehreren Vorstandsmitgliedern kann der Aufsichtsrat ein Mitglied zum Vorsitzenden des Vorstands ernennen. Für börsennotierte Unternehmen empfiehlt der DCGK, dass der Vorstand einen Vorsitzenden oder Sprecher haben soll.

Der Vorstandsvorsitzende hat prinzipiell die gleichen Rechte und Pflichten wie die übrigen Vorstandsmitglieder. Er ist insbesondere für die Leitung der Vorstandssitzungen, die Koordinierung der Vorstandsarbeit und die Überwachung der Durchführung der vom Gesamtvorstand beschlossenen Maßnahmen zuständig. Ihm obliegt auch in erster Linie die laufende Kommunikation mit dem Aufsichtsrat oder seinem Vorsitzenden.

Der Vorstandsvorsitzende kann nicht gegen die Mehrheit der Vorstandsmitglieder entscheiden. Die Satzung oder Geschäftsordnung kann ihm das Recht einräumen, innerhalb einer kurzen Frist eine erneute Abstimmung im Vorstand zu verlangen. Zulässig ist auch, ihm bei Stimmengleichheit einen ausschlaggebenden Stichentscheid zuzubilligen. Auch ein Vetorecht wird für statthaft gehalten, doch darf es sich bei Gesellschaften, die dem MitbestG unterliegen, nicht auf die Geschäftsführungsbefugnisse des Arbeitsdirektors beziehen.

Arbeitsdirektor

Für Gesellschaften, die dem MitbestG unterliegen, muss als gleichberechtigtes Mitglied des Vorstands ein **Arbeitsdirektor** bestellt werden, der zumindest für einen Kernbereich der Personal- und Sozialfragen zuständig ist. Der Arbeitsdirektor hat die gleichen Rechte und Pflichten wie die übrigen Vorstandsmitglieder. Ihm können zusätzlich auch andere Aufgaben übertragen werden, soweit sie seine Hauptfunktion nicht wesentlich beeinträchtigen.

Für die Anforderungen an den Arbeitsdirektor gelten dieselben Kriterien wie für die übrigen Vorstandsmitglieder. Eine Bestellung des Arbeitsdirektors gegen die Stimmen der Arbeitnehmervertreter ist nicht ausgeschlossen. Das besondere Vertrauensverhältnis zu den Arbeitnehmern verlangt aber, bei der Entscheidung etwaige Bedenken der Arbeitnehmer im Unternehmensinteresse sorgfältig abzuwägen und den Versuch zu einem Konsens zu unternehmen.

Stellvertretende Vorstandsmitglieder

Nicht selten werden Vorstandskandidaten „zur Bewährung" für eine Frist von zwei bis drei Jahren zu stellvertretenden Vorstandsmitgliedern ernannt. Stellvertretende Vorstandsmitglieder können in größeren Unternehmen aber auch längerfristig für Ressorts von geringerer Bedeutung berufen werden. Zuständig für die Bestellung von stellvertretenden Vorstandsmitgliedern ist der Aufsichtsrat.

Stellvertretende Vorstandsmitglieder haben dieselben Rechte und Pflichten wie die ordentlichen Mitglieder. Lediglich die interne Geschäftsführungsbefugnis kann eingeschränkt werden. Die Ernennung zum ordentlichen Vorstandsmitglied obliegt ebenfalls dem Aufsichtsrat.

Personalauswahl

Normierte Anforderungen

Vorstandsmitglied kann nur eine **natürliche, unbeschränkt geschäftsfähige Person** sein, gegen die kein gerichtliches oder behördliches Berufs- oder Gewerbeverbot vorliegt, das mit dem Unternehmensgegenstand ganz oder teilweise übereinstimmt. Mitglied des Vorstands kann nicht sein, wer als Betreuter bei der Besorgung seiner Vermögensangelegenheiten ganz oder teilweise einem Einwilligungsvorbehalt unterliegt.

Ausgeschlossen sind ferner Personen, die wegen vorsätzlich begangener Insolvenzstraftaten oder falscher Darstellungen verurteilt worden sind, und zwar für die Dauer von fünf Jahren nach der Rechtskraft des Urteils.

Die Bestellung von Ausländern setzt voraus, dass sie jederzeit legal in die Bundesrepublik einreisen dürfen.

Die **Satzung** der Gesellschaft kann weitere Eignungsvoraussetzungen vorsehen. Soweit die Gesellschaft einen obligatorischen Aufsichtsrat hat, müssen diese Voraussetzungen sachbezogen sein und dürfen den Aufsichtsrat nicht darüber hinaus in seinem Auswahlermessen einengen. Zulässig sind z. B. Vorgaben für ein Mindest- oder Höchstalter, die Staatsangehörigkeit oder die berufliche Qualifikation.

Zu beachten ist u. U. das Allgemeine Gleichbehandlungsgesetz, das eine Benachteiligung wegen der ethnischen Herkunft, der Religion u. a. verbietet, soweit die Bestellung die Bedingungen des „Zugangs zur Erwerbstätigkeit" oder des „beruflichen Aufstiegs" betrifft.

Nicht normierte Anforderungen

Der Gesetzgeber verlangt von den Vorstandsmitgliedern die „Sorgfalt eines ordentlichen und gewissenhaften Geschäftsleiters" und damit dazu taugliche **Kenntnisse, Fähigkeiten und Erfahrungen**. Jedes Vorstandsmitglied muss eigenverantwortlich im Rahmen seiner Zuständigkeiten (z. B. Ressort) und in der Gesamtverantwortung des Vorstands sowie im Zusammenwirken mit dem Aufsichtsrat zur rechten Zeit alles Notwendige tun, veranlassen oder unterlassen, damit das Unternehmen nachhaltig erfolgreich geführt wird und seine Interessen gewahrt werden.

Ein auf die konkreten Verhältnisse und Bedürfnisse zugeschnittenes Anforderungsprofil soll sicherstellen, dass die gesuchte Führungspersönlichkeit über jenes Wissen, die Fähigkeiten, den Charakter und das Auftreten verfügt, um als Vorstandsmitglied den Unternehmenserfolg maßgeblich und dauerhaft zu fördern.

Checkliste: Anforderungen an Vorstandsmitglieder	
Spezielle fachliche Kenntnisse und Erfahrungen, die unternehmens-, branchen- oder ressortabhängig sind	✓
Verständnis für die rechtlichen, wirtschaftlichen und technischen Besonderheiten des Unternehmens	
Unternehmerischer Weitblick, Entscheidungs- und Risikobereitschaft gepaart mit Risikobewusstsein und Rationalität	
Gespür für Veränderungen, Chancen und Risiken	
Bereitschaft und Fähigkeit zur Zusammenarbeit, zum Zuhören und Lernen sowie zur Motivation der Mitarbeiter	
Kommunikationsfähigkeiten nach innen und außen	
Integrität, Wahrhaftigkeit und Offenheit,	
Verantwortungsbewusstsein und -bereitschaft	
Ausreichende praktische Erfahrungen als Manager vergleichbarer Betriebe	
Einsatzbereitschaft und Gesundheit	

Auswahlverfahren

Die **Suche nach geeigneten Kandidaten** für den Vor-
stand wird notwendig bei der erstmaligen Bestellung von
Vorstandsmitgliedern, bei einer Erweiterung des Vorstands
oder bei Ersatz für ein ausgeschiedenes Vorstandsmitglied.
Hilfreich ist eine systematische Nachfolgeplanung, für die
Vorstand und Aufsichtsrat gemeinsam verantwortlich sind.

Nachfolgeplanung

*Die jährlich zu aktualisierende Nachfolgeplanung sollte für jedes Vorstandsmitglied den **Stellvertreter** für den Notfall und den möglichen **Nachfolger** bei voraussichtlicher Beendigung der Vorstandstätigkeit (z. B. Pensionierung) oder bei unerwartetem Ausfall (z. B. Berufsunfähigkeit, Tod) benennen.*

Aufzuführen sind sowohl qualifizierte Kandidaten, die sofort als Nachfolger geeignet sind, wie auch solche, die in absehbarer Zeit nach weiterer Bewährung als Nachfolger infrage kommen, und zwar unter Angabe ihrer „Reifezeit".

Bei einer solchen Regelung der Amtsnachfolge darf weder die Autorität des Amtsinhabers noch die des Nachfolgers durch eine zu frühe Entscheidung untergraben werden. Unvorhersehbare Bestellungsvorgänge sollten nicht zu unvertretbaren Kompromissen verleiten.

Die Entscheidung über Auswahl und Bestellung von Vorstandsmitgliedern ist allein Angelegenheit des Aufsichtsrats. Die Suche nach geeigneten Kandidaten und die Vorauswahl übernimmt in erster Linie der Aufsichtsratsvorsitzende oder ein **Personalausschuss** des Aufsichtsrats.

Im Rahmen der vertrauensvollen Zusammenarbeit von Aufsichtsrat und Vorstand ist der Vorstand bzw. sein Vorsitzender einzubeziehen, um die Anforderungen aus der Sicht des Leitungsorgans zu berücksichtigen und die spätere Einbindung in das Vorstandskollegium zu unterstützen. Sinnvoll kann auch die Hinzuziehung des bisherigen Amtsinhabers sein, der vor allem die besonderen Anforderungen aus Sicht seines Ressorts verifizieren kann.

Die **Einbindung** des Vorstands oder des **Vorstandsvorsitzenden** in die Suche nach neuen Vorstandsmitgliedern muss sachbezogen sein. Sie darf nicht dazu führen, dass er anstelle des Aufsichtsrats über die Auswahl entscheidet. Die Bestellung von Vorstandsmitgliedern ist und bleibt die alleinige Zuständigkeit des Aufsichtsrats.

Die genannten Personen sollten ein möglichst genaues **Anforderungsprofil** für den gesuchten Kandidaten entwickeln. Oft empfiehlt es sich, für die Suche nach geeigneten Kandidaten einen Personalberater einzuschalten. Der Personalberater knüpft den ersten Kontakt mit möglichen Bewerbern und beurteilt, ob sie für die Position grundsätzlich in Betracht zu ziehen sind.

Als **Kandidaten** kommen sowohl qualifizierte Führungskräfte des Unternehmens wie externe Bewerber in Betracht. Es gehört zu einer guten Personalpolitik, dass Manager ihre Mitarbeiter fördern und ihnen einen angemessenen Aufstieg in der Unternehmenshierarchie ermöglichen. Außerdem wird von einem verantwortungsvollen (Top-)Manager erwartet, dass auch er sich um seine Nachfolge rechtzeitig Gedanken macht.

Es gibt gute Gründe, unternehmenseigene Kandidaten gegenüber externen Bewerbern vorzuziehen. Sie kennen das Unternehmen und dessen betrieblichen Abläufe und können von ihren Vorgesetzten anhand nachgewiesener Leistungen beurteilt werden. Interne Aufstiegschancen motivieren die Mitarbeiter des Unternehmens.

Auf der anderen Seite vermag „frisches Blut" mit neuen Ideen und anderweitigen Erfahrungen den Unternehmenserfolg wesentlich voranzubringen. Die Einschätzung der unternehmensexternen Kandidaten ist jedoch schwieriger.

Für die Beurteilung der Kandidaten der engeren Wahl sind mehrere **Interviews** notwendig, die maßgeblich vom Aufsichtsratsvorsitzenden geführt werden. Dem Kreis von drei bis vier „Interviewern" gehören in der Regel der Aufsichtsratsvorsitzende, der Vorstandsvorsitzende und der Personalberater sowie ggf. andere, fachbezogene oder personalerfahrene Gesprächspartner an.

Ziel der intensiven und vertraulichen Gespräche ist vor allem, die Persönlichkeit des Kandidaten und seine Eignung für das Amt zu erkunden und zu beurteilen. Gleichzeitig will der Kandidat erfahren, was von ihm erwartet wird und was er von der in Aussicht genommenen Position erwarten kann.

Erst nach ausreichender Sondierung sollte dem Aufsichtsrat eine Empfehlung für das zu bestellende Vorstandsmitglied unterbreitet werden.

Bestellung von Vorstandsmitgliedern

Zuständigkeiten

Bei der AG ist zwingend der Aufsichtsrat für die Bestellung der Vorstandsmitglieder zuständig. Die Zuständigkeit kann nicht an einen Ausschuss übertragen werden. Allerdings ist es möglich, die Entscheidungsvorbereitung einem Aufsichtsratsausschuss zu überlassen.

Diese Regelungen gelten auch für die Berufung von Geschäftsführern einer GmbH, die dem MitbestG unterliegt.

Bei anderen GmbHs ist im Regelfall die Gesellschafterversammlung für die Bestellung der Geschäftsführung zuständig.

Bei einer Genossenschaft wird der Vorstand durch die
Generalversammlung berufen. Bei einer Genossenschaft,
die dem MitbestG unterliegt, ist dafür der Aufsichtsrat
zuständig.

Die Bestellung zum Vorstandsmitglied erfolgt durch mehrheitlichen **Beschluss des Aufsichtsrats**.

Besonderheiten ergeben sich nach dem **MitbestG**. Hier ist
im ersten Wahlgang eine Mehrheit von zwei Dritteln der
Mitglieder des Aufsichtsrats erforderlich. Wird diese Mehrheit nicht erreicht, ist der sog. Vermittlungsausschuss einzuschalten, dem der Aufsichtsratsvorsitzende, sein Stellvertreter und je ein Vertreter der Anteilseigner und der
Arbeitnehmer angehören. Dieser muss dem Aufsichtsratsplenum innerhalb eines Monats einen Vorschlag unterbreiten, über den dann mit einfacher Mehrheit abzustimmen
ist. Bleibt auch diese Wahl ergebnislos, kann ein dritter
Wahlvorgang angeschlossen werden, bei dem der Aufsichtsratsvorsitzende über zwei Stimmen verfügt.

Der Beschluss über die erfolgte Bestellung muss dem gewählten Bewerber mitgeteilt werden. Die Bestellung wird
mit dessen Zustimmung, die ausdrücklich oder konkludent
erfolgen kann, wirksam. Das bestellte Vorstandsmitglied
hat damit alle Rechte und Pflichten, die dem Vorstand
einer AG eingeräumt bzw. auferlegt sind.

Bestellungsdauer

Die Bestellungsdauer oder Amtszeit sollte unter Angabe der Daten für den Beginn und das Ende der Bestellung im Beschluss ausdrücklich festgehalten werden. Fehlen diese Angaben, ist der Dienstvertrag mit dem Vorstandsmitglied (s. S. 83 ff.) heranzuziehen.

Die Bestelldauer darf höchstens fünf Jahre betragen. Für eine nicht mitbestimmte GmbH können die Gesellschafter die Amtsdauer unbefristet lassen.

Der DCGK empfiehlt börsennotierten Unternehmen, dass bei einer Erstbestellung die maximale Amtszeit von fünf Jahren nicht ausgeschöpft werden soll. Es ist eine Frage von „Angebot und Nachfrage", ob und inwieweit sich diese Empfehlung praktisch durchführen lässt.

Der Kodex empfiehlt ferner, dass eine Altersgrenze für Vorstandsmitglieder festgesetzt wird. Im Allgemeinen bietet sich hierfür das generelle Rentenalter von 60 bis 65 Jahren an.

Wiederbestellung

Eine wiederholte Bestellung oder Verlängerung der Amtszeit von Vorstandsmitgliedern bedarf ebenfalls eines Beschlusses des Aufsichtsrats. In der AG oder der paritätisch mitbestimmten GmbH darf die Wiederbestellung höchstens für fünf Jahre erfolgen. Die Wiederbestellung darf frühestens ein Jahr vor Ablauf der bisherigen Amtszeit beschlossen werden. Ein früherer Beschluss ist unwirksam, auch wenn die weitere Vorstandstätigkeit geduldet wird.

Eine Wiederbestellung, die früher als ein Jahr vor dem Ende der laufenden Amtszeit bei gleichzeitiger Aufhebung der laufenden Bestellung vorgesehen wird, sollte entsprechend der Empfehlung des DCGK nur bei Vorliegen stichhaltiger Gründe erfolgen.

Abberufung und Amtsniederlegung

Abberufung von Vorstandsmitgliedern

Der Aufsichtsrat kann die Bestellung zum Vorstandsmitglied und die Ernennung zum Vorstandsvorsitzenden nur dann widerrufen, wenn ein wichtiger Grund vorliegt. In der nicht paritätisch mitbestimmten GmbH ist die Abberufung von Geschäftsführern zu jeder Zeit möglich.

Zu den **wichtigen Gründen** rechnen insbesondere grobe Pflichtverletzung, die Unfähigkeit zur ordnungsmäßigen Geschäftsführung und ein sachlich gerechtfertigter Vertrauensentzug durch die Hauptversammlung. Wichtige Gründe sind außerdem Tatbestände, die eine außerordentliche Kündigung des Dienstvertrags zur Folge haben.

Als wichtiger Grund wird auch anerkannt, wenn der Gesellschaft die weitere Ausübung der Vorstandsfunktion durch das Vorstandsmitglied bis zum Ablauf seiner Amtszeit nicht zugemutet werden kann. Maßstab ist in erster Linie das Interesse des Unternehmens, dem alle Organmitglieder verpflichtet sind.

Über die Abberufung entscheidet der Aufsichtsrat durch entsprechenden Beschluss.

Amtsniederlegung

Die Amtsniederlegung durch ein Vorstandsmitglied ist nicht gesetzlich geregelt. Sie ist grundsätzlich zulässig und darf nur nicht zur Unzeit erfolgen. Die Amtsniederlegung ist gegenüber der Gesellschaft, vertreten durch den Aufsichtsrat, zu erklären.

Soweit der Dienstvertrag an die Bestellung als Vorstandsmitglied gebunden ist, endet mit der Amtsniederlegung auch der Dienstvertrag. In anderen Fällen muss der Dienstvertrag gekündigt oder aufgehoben werden. Es können auch besondere Vereinbarungen über die Fortdauer des Dienstvertrags oder von Teilen davon vereinbart werden.

Dienstvertrag und Vergütung

Dienstvertrag der Vorstandsmitglieder

Zuständigkeit

Bei Vorstandsmitgliedern ist zwischen der korporationsrechtlichen Bestellung und dem schuldrechtlichen Anstellungsvertrag zu unterscheiden. Der Dienstvertrag regelt die schuldrechtlichen Beziehungen zwischen der Gesellschaft und dem Vorstandsmitglied, und zwar insbesondere die speziellen Zuständigkeiten und Arbeitsgebiete innerhalb des Vorstands sowie die Vergütungen des Vorstandsmitglieds einschließlich etwaiger Altersversorgung.

Zuständig für den Abschluss des Dienst- oder Anstellungsvertrags ist der Aufsichtsrat. Der Abschluss des Vertrags bedarf einer Beschlussfassung des Aufsichtsrats, die die wesentlichen Inhalte wie Vertragsdauer und Vergütung abdeckt. Der Vorstandsvertrag wird zwischen der Gesellschaft, vertreten durch ihren Aufsichtsrat und dieser wiederum vertreten durch den Vorsitzenden des Aufsichtsrats, und dem Vorstandsmitglied abgeschlossen.

Dieselbe Regelung gilt für die dem MitbestG unterliegende GmbH. Bei GmbHs, die dem DrittelbG unterliegen, und bei fakultativen Aufsichtsräten ist im Regelfall die Gesellschafterversammlung zuständig.

Ein Aufsichtsratsausschuss kann die vertraglichen Einzelheiten verhandeln. Vorbehaltlich der Vergütungsentscheidung des Aufsichtsrats kann er auch zum Abschluss des Dienstvertrags bevollmächtigt werden.

Wesentlicher Inhalt

Im Dienstvertrag wird einleitend auf den Beschluss des Aufsichtsrats zur Bestellung des Vorstandsmitglieds und auf den Beschluss des Aufsichtsrats oder eines Ausschusses zum Abschluss des Anstellungsvertrags Bezug genommen. Im Übrigen enthält der Vorstandsvertrag folgende Regelungen:

Inhalt eines Vorstandsvertrags

▸ *Bezugnahme auf die Bestellung und auf die für die Führung der Geschäfte maßgeblichen Normen,*

▸ *Pflichten des Vorstandsmitglieds (voller Arbeitseinsatz, Ressortzuständigkeit, Genehmigungspflicht von Nebentätigkeiten, Wettbewerbsverbot, Verbot der Vorteilsnahme u. a. m.),*

▸ *Vergütung (fixe und variable Bestandteile, Überprüfung der Höhe, Sonderzahlungen),*

▸ *Regelung im Fall von Krankheit, Unfall oder Tod,*

▸ *Urlaubsansprüche,*

▸ *Nebenleistungen,*

▸ *Ruhegeld und Hinterbliebenenversorgung,*

▸ *Vertragsdauer,*

▸ *nachvertragliches Wettbewerbsverbot.*

Die Laufzeit des Dienstvertrags endet mit dem Ende der Bestelldauer. Er kann jedoch vorsehen, dass er für den Fall einer Wiederbestellung bis zu deren Ablauf weiter gilt.

Vergütungen der Vorstandsmitglieder

Bestandteile

Die Gesamtbezüge des einzelnen Vorstandsmitglieds setzen sich zusammen aus

▸ monetären Vergütungsteilen, insbesondere fixes Gehalt und variable Bestandteile (Tantieme),

▸ den Versorgungszusagen (Ruhegeld und Hinterbliebenenversorgung),

▸ Nebenleistungen jeder Art einschließlich Leistungen von Dritten, die im Hinblick auf die Vorstandstätigkeit zugesagt oder gewährt werden,

▸ sonstige zugesagte Vergütungen, insbesondere für den Fall der Beendigung der Vorstandstätigkeit (Abfindungen u. a.).

Die **monetären Vergütungen** sollen fixe und variable Bestandteile umfassen, wobei der Aufsichtsrat dafür sorgen muss, dass die variablen Vergütungteile eine mehrjährige Bemessungsgrundlage haben. Als variable Vergütungen kommen z. B. auf das Unternehmen bezogen aktien- oder kennzahlenbasierte Vergütungen in Betracht, die auf relevante Vergleichsparameter bezogen sein sollten.

Zu den **Nebenleistungen** zählen die Bereitstellung eines Dienstwagens, pauschale Aufwandsentschädigungen, Versicherungsentgelte, Provisionen und Aktienbezugsrechte oder -optionen. Als Leistungen Dritter kommen z. B. Vergütungen von Konzernunternehmen in Betracht.

Zuständigkeit des Aufsichtsrats

Der Aufsichtsrat hat das **Vergütungssystem für den Vorstand** zu beschließen und es regelmäßig hinsichtlich der Angemessenheit zu überprüfen. Gemäß dem DCGK ist die Vergütungsstruktur auf eine nachhaltige Unternehmensentwicklung auszurichten. Der Aufsichtsratsvorsitzende soll die **Hauptversammlung** über die Grundzüge des Vergütungssystems informieren.

Der Aufsichtsrat setzt auf Vorschlag des Gremiums, das die Vorstandsverträge behandelt, die **Gesamtvergütung für das einzelne Vorstandsmitglied** fest.

Angemessenheit

Der Aufsichtsrat hat bei der Festsetzung der Gesamtbezüge dafür zu sorgen, dass diese in einem angemessenen Verhältnis zu den Aufgaben und Leistungen des Vorstandsmitglieds sowie zur wirtschaftlichen Lage des Unternehmens stehen und die übliche Vergütung nicht ohne

Gründe übersteigen. Sämtliche Vergütungsbestandteile müssen für sich und insgesamt angemessen sein. Sie dürfen nicht zum Eingehen unangemessener Risiken verleiten (so DCGK).

Art und Umfang der **Aufgaben** sowie die persönliche **Leistung** (Einsatz und Erfolg) der einzelnen Vorstandsmitglieder können sehr unterschiedlich sein. Bei konzernleitenden Unternehmen sind die konzernleitenden Aufgaben des Vorstandsmitglieds einerseits und die Lage und der Erfolg des Konzerns andererseits zu berücksichtigen.

Die Würdigung der **wirtschaftlichen Lage** des Unternehmens umfasst auch den nachhaltigen Geschäftserfolg und die Zukunftsaussichten des Unternehmens. Bei den variablen Vergütungsbestandteilen soll der Aufsichtsrat laut DCGK für außergewöhnliche Entwicklungen eine Begrenzungsmöglichkeit vereinbaren.

Die **Üblichkeit der Vergütung** ist unter Berücksichtigung des Vergleichsumfelds (z. B. Unternehmen gleicher Größe, Struktur und Branche) und der in der Gesellschaft geltenden Vergütungsstruktur zu beurteilen. Die Verantwortung des Aufsichtsrats für die Angemessenheit der Gesamtbezüge der Vorstandsmitglieder ist Ausfluss seiner organschaftlichen Sorgfaltspflicht. Werden für die Beurteilung der Angemessenheit externe Vergütungsexperten hinzugezogen, sollten diese von Vorstand und Gesellschaft unabhängig sein.

Herabsetzung der Bezüge

Verschlechtert sich die Lage der Gesellschaft so, dass die weitere Gewährung der festgesetzten Bezüge für die Ge-

sellschaft unbillig wäre, soll der Aufsichtsrat oder auf Antrag des Aufsichtsrats ein Gericht die Bezüge auf eine angemessene Höhe herabsetzen. Ruhegelder und ähnliche
Leistungen können nur in den ersten drei Jahren nach dem
Ausscheiden herabgesetzt werden.

Durch die Herabsetzung der Bezüge wird der Anstellungsvertrag im Übrigen nicht berührt. Jedoch hat das Vorstandsmitglied ein Kündigungsrecht zum Ende des nächsten Kalendervierteljahrs mit einer Kündigungsfrist von
sechs Wochen.

Abfindungen

Für die Festsetzung von Leistungen bei vorzeitiger Beendigung der Vorstandtätigkeit enthält der DCGK folgende
Empfehlungen: Wenn bei vorzeitiger Beendigung kein
wichtiger Grund vorliegt, soll die Abfindung nicht den
Wert von zwei Jahresvergütungen überschreiten. Dabei soll
auf die Gesamtvergütung des abgelaufenen Geschäftsjahres und auf die voraussichtliche Gesamtvergütung für das
laufende Geschäftsjahr abgestellt werden.

Eine Abfindungszusage bei vorzeitiger Beendigung der
Vorstandtätigkeit infolge eines Kontrollwechsels (z. B.
durch einen neuen Haupt- oder Alleinaktionär) soll 150 %
des Werts von zwei Jahresvergütungen nicht übersteigen.

Auf den Punkt gebracht

Erfolg und Entwicklung eines Unternehmens hängen in erster Linie von den Fähigkeiten und dem Engagement seines Topmanagements ab. Die Auswahl der Mitglieder der Unternehmensleitung (Vorstand oder Geschäftsführung) gehört daher zu den wichtigsten Aufgaben des Aufsichtsrats.

Für die Bestellung, Wiederbestellung und Abberufung von Vorstands- oder Geschäftsführungsmitgliedern ist bei obligatorischen Aufsichtsräten allein der Aufsichtsrat in seiner Gesamtheit zuständig. Das gilt ebenfalls für die Dienstverträge und Vergütungen von Vorstandsmitgliedern.

Überwachung der Geschäftsführung

Gegenstand und Art der Überwachung

Zielgruppe

Der Aufsichtsrat hat den gesetzlichen Auftrag, die Geschäftsführung zu überwachen. Die Zielgruppe ist das **geschäftsführende Organ**, d. h. bei der AG und Genossenschaft der Vorstand, bei der GmbH die Geschäftsführer.

Neben dem Gesamt-Leitungsorgan ist auch das **einzelne Vorstandsmitglied** Zielperson der Aufsichtsratsüberwachung. Das gilt insbesondere in Bezug auf die ihm zugewiesenen Zuständigkeiten, aber auch bezüglich der Zusammenarbeit und Mitwirkung im Gesamtvorstand.

Andere Unternehmensangehörige, auch leitende Angestellte, unterliegen nicht der Überwachung durch den Aufsichtsrat. Für deren Überwachung ist der Vorstand zuständig. Sie ist Teil seiner Leitungspflichten.

Gegenstand: originäre Führungsaufgaben des Vorstands

Die Überwachung der Geschäftsführung durch den Aufsichtsrat bezieht sich auf die **Gesamtheit der Leitungs- und Verwaltungsmaßnahmen**, die der Vorstand durchführen oder veranlassen muss, um die Gesellschaft eigenverantwortlich zu leiten. Der Aufsichtsrat hat sich davon zu überzeugen, dass der Vorstand seine originären Führungsaufgaben wahrnimmt und die Durchführung von Maßnahmen durch andere Unternehmensangehörige wirksam kontrolliert. Hinzu kommen die Wahrnehmung der organschaftlichen Treuepflichten und besonderer gesetzlicher Pflichten sowie die Wahrung der Ordnungsmäßigkeit und der Sorgfaltspflichten.

Die **originären Führungsaufgaben des Vorstands** erfordern sog. „echte Führungsentscheidungen" des Vorstands, die dadurch gekennzeichnet sind, dass sie für den Erfolg und Bestand des Unternehmens von ausschlaggebender Bedeutung sind und die Kenntnis des ganzen Unternehmens und der Gesamtheit seiner innerbetrieblichen Zusammenhänge und Außenbeziehungen voraussetzen. Sie können daher nicht an andere Unternehmensangehörige delegiert werden.

In größeren Unternehmen müssen mehrere Entscheider mit hierarchisch abgestimmten Kompetenzen kooperieren. Dazu müssen von der Unternehmensspitze Entscheidungskompetenzen delegiert und deren Einhaltung überwacht werden, damit alle Aktivitäten im Unternehmen wirtschaftlich vernünftig, reibungslos und kontrolliert ablaufen.

Eine solche **dezentrale Entscheidungsstruktur** setzt voraus, dass für jede Entscheidungsebene und für jede Führungsposition jene Führungsaufgaben definiert werden, die nicht an untergeordnete Führungskräfte delegiert werden können und bei Beachtung der Kompetenzen auch nicht übergeordneten Stellen überlassen werden sollen.

Der Aufsichtsrat muss sich davon überzeugen, dass die originären Führungsaufgaben der hierarchisch abgestuften Führungsebenen sachgerecht abgegrenzt und effizient gehandhabt werden.

Um sicherzustellen, dass der Vorstand seine originären Führungsaufgaben vollumfänglich und konzentriert wahrnimmt, muss sich der Aufsichtsrat mit der Organisationsstruktur und den wesentlichen Prozessen des Unternehmens sowie mit deren wirksamer Kontrolle befassen.

Die originären Führungsaufgaben des Vorstands beziehen sich auf das Gesamtunternehmen oder den Konzern.

Originäre Führungsaufgaben des Vorstands

▸ Festlegung der Unternehmenspolitik sowie der Unternehmensorganisation,

▸ Entwicklung und Festlegung der Unternehmensziele und der wesentlichen Unternehmensstrategien sowie Grundzüge der Markt-, Produkt-, Finanz-, Investitions- und Personalpolitik,

▸ Festlegung der Prioritäten für die Zuteilung der Ressourcen,

▸ Organisation der Entscheidungskompetenzen und Kontrollzuständigkeiten,

▸ Koordination und Überwachung der Teilbereiche des Unternehmens und der betrieblichen Aktivitäten,

▸ Einrichtung eines unternehmens- oder konzernübergreifenden Überwachungssystems, Risikomanagement und Festlegung der Risikopolitik,

▸ sonstige Entscheidungen über Maßnahmen von wesentlicher Bedeutung für die künftige Entwicklung des Unternehmens, z. B. große Investitionsprojekte,

> ▸ *Überwachung des Geschäftsverlaufs und der Ergebnis- und Liquiditätsentwicklung sowie der Erreichung wesentlicher Ziele; ggf. Veranlassung von Maßnahmen zur Zielerreichung,*
>
> ▸ *Aufstellung des Jahresabschlusses und Lageberichts sowie ggf. des Konzernabschlusses und -lageberichts,*
>
> ▸ *Berichterstattung an den Aufsichtsrat,*
>
> ▸ *Aufnahme oder Aufgabe von Geschäftszweigen,*
>
> ▸ *Erwerb, Aufstockung oder Veräußerung von Beteiligungen,*
>
> ▸ *Besetzung wichtiger Führungspositionen im Unternehmen.*

Beratung des Vorstands

Die Überwachung der Geschäftsführung ist nicht nur auf das Ist und die Vergangenheit, sondern vorbeugend auch auf die Zukunft ausgerichtet. Dementsprechend ist der Aufsichtsrat in die Überlegungen des Vorstands zur künftigen Geschäftspolitik einzubeziehen. Der Vorstand soll die strategische Ausrichtung des Unternehmens mit dem Aufsichtsrat abstimmen und mit ihm den Stand ihrer Umsetzung regelmäßig erörtern. Dabei berät der Aufsichtsrat den Vorstand in übergeordneten Fragen der Unternehmensführung.

Die Beratung ist **Teil der Überwachungspflichten** des Aufsichtsrats. Sie schließt die professionelle Behandlung der im normalen Geschäftsablauf aufkommenden betriebswirtschaftlichen, organisatorischen, rechtlichen und personellen Fragen ein (s. S. 20). Eine selbstbewusste und sorgfältig handelnde Geschäftsführung wird sich den Rat qualifizierter Aufsichtsratsmitglieder zunutze machen.

Maßstäbe für die Überwachung

Maßstäbe für die Überwachung durch den Aufsichtsrat sind die Wahrung des Unternehmensinteresses, die Rechtmäßigkeit und Ordnungsmäßigkeit sowie die Wirtschaftlichkeit und Zweckmäßigkeit der Geschäftsführung.

Das **Unternehmensinteresse**, dem Vorstand und Aufsichtsrat gleichermaßen verpflichtet sind, zielt auf die langfristige Existenzsicherung und erfolgreiche Entwicklung des Unternehmens. Dabei ist den Interessen der wichtigen Bezugsgruppen des Unternehmens (Aktionäre und andere Investoren, Arbeitnehmer, Kunden, Lieferanten und andere Vertragspartner sowie Staat und Gemeinwesen) angemessen Rechnung zu tragen. Ein Unternehmen kann sich am Markt nur dann nachhaltig und erfolgreich behaupten, wenn es diese Interessen in einem ausgewogenen Umfang berücksichtigt.

Die **Rechtmäßigkeit** betrifft die Beachtung des Aktiengesetzes, der Satzung und anderer rechtlicher Normen wie Handels-, Wettbewerbs-, Steuer- und Umweltrecht.

Die **Ordnungsmäßigkeit** der Geschäftsführung verlangt eine der Größe und Eigenart des Unternehmens angemessene Aufbau- und Ablauforganisation sowie zweckentsprechende Verfahrens-, Dokumentations- und Kontrollregeln unter Beachtung zeitgemäßer betriebswirtschaftlicher Erkenntnisse und Erfahrungen.

Die Wirtschaftlichkeit oder **wirtschaftliche Rationalität** der Geschäftsführung zielt in umfassendem Sinn auf eine erfolgreiche und sparsame Leistungserstellung, um durch eine nachhaltige Rentabilität die Überlebensfähigkeit des Unternehmens zu gewährleisten.

Die **Zweckmäßigkeit** der Geschäftsführung verlangt zielgerichtete Entscheidungen und Maßnahmen unter Beachtung der vorgenannten Anforderungen, der Unternehmenspolitik sowie der Praktikabilität und der Effizienz.

Arten der Überwachung

Die Überwachungstätigkeiten des Aufsichtsrats lassen sich in gestaltende, begleitende und zukunftsorientierte sowie prüfende Überwachung gliedern.

Im Rahmen seiner **gestaltenden Überwachung** bestellt der Aufsichtsrat die Mitglieder des Vorstands und beruft sie ggf. ab. Er ist ferner zuständig für die Anstellungsverträge mit den Vorstandsmitgliedern. Der Aufsichtsrat kann und sollte eine Geschäftsordnung für den Vorstand erlassen und muss die Vornahme bestimmter Arten von Geschäften von seiner Zustimmung abhängig machen. Damit können die Kompetenzen des Vorstands überwachungsgerecht strukturiert werden.

Die **begleitende und zukunftsorientierte Überwachung** hat die laufende Geschäftsführung des Vorstands zum Gegenstand, wie sie schwerpunktmäßig durch die Berichtspflichten des Vorstands beschrieben wird (s. S. 99). Dabei wird die Zukunftsperspektive der Überwachungsaufgabe des Aufsichtsrats deutlich betont.

Die **prüfende Überwachung** durch den Aufsichtsrat betrifft hauptsächlich die Prüfung des Jahresabschlusses und des Lageberichts.

Grundlagen der Überwachung

Geschäftsordnung für den Vorstand

Verfahrensregeln und weitere Einzelheiten der Geschäftsführung können in der Satzung festgelegt werden. Aus Gründen der Flexibilität empfiehlt es sich jedoch, dass der Aufsichtsrat eine Geschäftsordnung erlässt, die die Vorstandsarbeit bei einem mehrköpfigen Vorstand regelt. Die Geschäftsordnung ist von materieller Bedeutung, wenn das gesetzlich vorgesehene Einstimmigkeitsprinzip für Vorstandsbeschlüsse aufgegeben und bestimmte Arten von Geschäften an die Zustimmung des Aufsichtsrats gebunden werden sollen.

Grundsätzlich tragen die Vorstandsmitglieder gemeinsam die Verantwortung für die Geschäftsführung, und zwar unbeschadet der Verteilung der Geschäfte innerhalb des Vorstands. Der Gesamtvorstand entscheidet stets, wenn nach dem Gesetz oder der Satzung eine Beschlussfassung durch den Vorstand vorgeschrieben ist. Darüber hinaus hat er die Entscheidungen und Maßnahmen zu treffen, die seinen originären Führungsaufgaben (s. S. 93) entsprechen.

Bestandteil der Geschäftsordnung ist der **Geschäftsverteilungsplan**, der die speziellen Zuständigkeiten der Vorstandsmitglieder regelt. Jedes Vorstandsmitglied führt im Rahmen der Beschlüsse des Vorstands den ihm zugewiesenen Geschäftsbereich in eigener Verantwortung. Bei Entscheidungen, die auch einen anderen Vorstandbereich tangieren, muss sich das Vorstandsmitglied mit den betroffenen Kollegen abstimmen. Können sie sich nicht einigen, ist eine Entscheidung des Gesamtvorstands herbeizuführen.

Im Übrigen hat jedes Vorstandsmitglied seine Kollegen unverzüglich über wichtige Entscheidungen, Maßnahmen und Ereignisse in seinem Bereich zu informieren. Jedes Vorstandsmitglied kann verlangen, dass derartige Angelegenheiten dem Gesamtvorstand zur Entscheidung vorzulegen sind.

Inhalt der Geschäftsordnung

▸ *Gesamtverantwortung und Geschäftsverteilung*

▸ *Entscheidungsvorbehalte für den Gesamtvorstand*

▸ *Informationsrechte und -pflichten der Vorstandsmitglieder*

▸ *Aufgaben des Vorstandsvorsitzenden*

▸ *Koordinierung der Vorstandsarbeit*

▸ *Leitung der Vorstandssitzungen*

▸ *Beschlussfassung*

▸ *Beschlussfähigkeit*

▸ *Einstimmigkeit, einfache oder qualifizierte Mehrheit*

▸ *Stichentscheid oder Vetorecht des Vorsitzenden oder eines anderen Vorstandmitglieds, Recht auf Vertagung*

▸ *Protokollführung*

▸ *Zusammenarbeit mit dem Aufsichtsrat*

▸ *genehmigungspflichtige Geschäfte*

▸ *Informationspflichten (Informationsordnung)*

Berichterstattung des Vorstands

Die Überwachungspflichten des Aufsichtsrats lassen sich weitgehend aus den im **Aktiengesetz** aufgeführten Berichtspflichten des Vorstands ableiten. Danach hat der Vorstand wie folgt zu berichten:

1. Periodische Berichte

▸ mindestens einmal jährlich über die beabsichtigte Geschäftspolitik und andere grundsätzliche Fragen der Unternehmensplanung,

▸ anlässlich der Bilanzsitzung des Aufsichtsrats über die Rentabilität der Gesellschaft,

▸ regelmäßig, mindestens vierteljährlich über den Gang der Geschäfte und die Lage der Gesellschaft.

2. Entscheidungsbedingte Berichte

▸ über Geschäfte, die für die Rentabilität und Liquidität der Gesellschaft von erheblicher Bedeutung sein können.

3. Ereignisbedingte Berichte

▸ aus sonstigen wichtigen Anlässen an den Vorsitzenden des Aufsichtsrats.

Diese Berichte hat der Vorstand ohne Aufforderung an den Aufsichtsrat zu erstatten, und zwar in der Regel in Textform.

Bei der Berichterstattung über die **Geschäftspolitik und Unternehmensplanung**, die insbesondere die Finanz-, Investitions- und Personalplanung umfasst, sind Abweichungen der tatsächlichen Entwicklung von früher berichteten Zielen anzugeben und zu begründen. Diese Berichte müssen mindestens einmal jährlich vorgelegt werden, soweit nicht Änderungen der Lage oder neue Faktoren eine unverzügliche Berichterstattung gebieten.

Über die **Rentabilität** der Gesellschaft, insbesondere über die Rentabilität des Eigenkapitals, ist in der Bilanzsitzung des Aufsichtsrats (s. S. 57) zu berichten.

Die Berichte über den **Gang der Geschäfte** und die Lage der Gesellschaft müssen regelmäßig erfolgen, mindestens vierteljährlich. Über **wesentliche Geschäfte** ist so rechtzeitig zu berichten, dass der Aufsichtsrat vor Vornahme der Geschäfte Gelegenheit hat, zu ihnen Stellung zu nehmen. Als **wichtiger Anlass** sind geschäftliche Vorgänge anzusehen, die die Lage der Gesellschaft erheblich beeinflussen können.

Der Aufsichtsrat kann über die regelmäßige Berichterstattung hinaus vom Vorstand **jederzeit** einen **Bericht verlangen** über Angelegenheiten der Gesellschaft, über ihre rechtlichen und geschäftlichen Beziehungen zu verbundenen Unternehmen sowie über geschäftliche Vorgänge bei diesen Unternehmen, die die Lage der Gesellschaft erheblich beeinflussen können. Auch ein einzelnes Aufsichtsratsmitglied kann einen solchen Bericht verlangen, aber nur an den Gesamtaufsichtsrat.

Im Übrigen sind Aufsichtsrat und Vorstand gemeinsam für eine zuverlässige und aktuelle Berichterstattung verantwortlich. Es empfiehlt sich, Art und Umfang der Berichterstattung in einer **Informationsordnung** für den Vorstand festzulegen, die bei Bedarf an veränderte Situationen oder Bedürfnisse anzupassen ist. Damit kann der Aufsichtsrat seinen Informationsbedarf in zeitlicher und inhaltlicher

Hinsicht genau definieren und auf seine konkreten Bedürfnisse ausrichten.

Für die Geschäftsführung der **GmbH** sind gesetzlich keine Berichtspflichten vorgegeben. Es wird lediglich auf das Recht des Aufsichtsrats verwiesen, jederzeit Berichte anfordern zu können. Hier empfiehlt es sich, im Gesellschaftsvertrag oder in einer Geschäftsordnung eine regelmäßige Berichterstattung der Geschäftsführer vorzusehen.

Anforderungen an die Vorstandsberichte

Die Berichte des Vorstands müssen einer **gewissenhaften und getreuen Berichterstattung** entsprechen. Sie müssen wahr, vollständig, übersichtlich und klar sein. Die Berichte müssen die tatsächlichen Verhältnisse wiedergeben und alle relevanten oder vorgeschriebenen Angaben enthalten. Sie müssen sachgerecht gegliedert sein und die für die Lage und Entwicklung des Unternehmens wesentlichen Fakten und Daten deutlich erkennen lassen. Um eine Analyse zu erleichtern, sind Tatsachen, Annahmen und Beurteilungen jeweils klar zu kennzeichnen. Schließlich sind die periodisch zu erstattenden Berichte vergleichbar zu gestalten.

Für die Berichte über den Gang der Geschäfte reicht eine quartalsweise Berichterstattung nur bei kontinuierlichem und unkritischem Geschäftsverlauf sowie wenig komplexer Unternehmenstätigkeit aus. In der Regel berichtet der Vorstand **monatlich** über die Geschäftslage und -entwicklung des Unternehmens anhand der relevanten Erfolgs- und Bilanzgrößen, und zwar sowohl im Soll-Ist- wie auch im Ist-

Ist-Vergleich. Zur Routineberichterstattung gehört ebenfalls ein voraussichtliches Ist für das laufende Geschäftsjahr.

Aufbau und Inhalt der Berichterstattung richten sich nach der Besonderheit der Branche und des Unternehmens. Dementsprechend müssen die entscheidenden Erfolgs- und Steuerungsgrößen in der Berichterstattung übersichtlich dargestellt und verständlich erläutert werden. Zu den branchenbestimmten Erfolgsfaktoren gehören z. B. der Auftragsbestand, der Marktanteil, die Absatzstruktur oder die Handelspanne. Die wesentlichen Soll/Ist-Abweichungen sind zu begründen und Maßnahmen zur Gegensteuerung unerwünschter Entwicklungen oder zur Zielerreichung zu erwähnen.

> Der Aufsichtsrat oder ein Aufsichtsratsausschuss sollte einmal jährlich die Quantität und Qualität der schriftlichen Vorstandsberichte erörtern, damit das Berichtswesen verbessert und ggf. an neue Entwicklungen und Risikoeinschätzungen angepasst wird.

Bei dieser Gelegenheit sollte auch überlegt werden, welche Entwicklungen oder Ereignisse „automatisch" dem Aufsichtsrat unverzüglich mitzuteilen sind, wie z. B. wesentliche Veränderungen der Markt- und Wettbewerbsverhältnisse, Verzögerungen bei der Abwicklung wichtiger Aufträge oder bei der Produktentwicklung, gravierende Forderungsausfälle, schwerwiegende Produktmängel oder erhebliche Schadensersatzforderungen.

In die regelmäßigen Vorstandsberichte ist ein **Soll-Ist-Vergleich** aufzunehmen, der auf die mit dem Aufsichtsrat erörterte Unternehmensplanung Bezug nimmt. Die Struktur der Plandaten muss der der laufenden Berichterstattung entsprechen. Nur so sind sinnvolle Plan-Ist-Vergleiche möglich. Ihre Untergliederung sollte nach den Segmenten erfolgen, nach denen die Unternehmensführung die Aktivitäten des Gesamtunternehmens steuert und überwacht.

Mindestens quartalsweise oder bei wesentlichen Veränderungen der bisher angenommenen Entwicklungen und Prämissen ist auf das **voraussichtliche Ist** für das laufende Geschäftsjahr und auf die wichtigsten Maßnahmen zu seiner Erreichung einzugehen. Die wesentlichen Risiken und Chancen der Ziel- oder Planrealisierung sollen erkennbar gemacht werden.

Zur Beurteilung der künftigen Entwicklung des Unternehmens ist auf die strategische Ausrichtung des Unternehmens Bezug zu nehmen und es sind seine künftige Ertrags- und Finanzkraft, die Liquiditätsentwicklung und die der Vorschau zugrunde liegenden Prämissen und Annahmen hinreichend klar darzustellen. Im Fall großer Unsicherheiten sind wirtschaftlich vernünftige Alternativrechnungen geboten, z. B. Worst-Case-Rechnungen.

> Eine laufende Berichterstattung über den „Gang der Geschäfte" ist ohne Soll-Ist-Vergleich und ohne Ausblick auf die überschaubare Zukunft wertlos, weil damit Informationen und Maßstäbe fehlen, um die Chancen und Risiken der Unternehmensfortführung zu beurteilen.

Darüber hinaus ist über die Beziehungen zu **verbundenen Unternehmen** und über geschäftliche Vorgänge bei diesen Unternehmen zu berichten, die auf die Lage der Gesellschaft erheblichen Einfluss haben können. Der Aufsichtsrat ist verpflichtet, zusätzliche Informationen vom Vorstand anzufordern, wenn er solche Vorgänge vermutet. Dasselbe gilt bei unklarer Berichterstattung, bei Zweifel an ihrer Vollständigkeit oder Richtigkeit oder bei kritischer oder unerwarteter Geschäftsentwicklung.

Unabhängig von der regelmäßigen Berichterstattung an den Aufsichtsrat hat der Vorstand den **Aufsichtsratsvorsitzenden** bei gravierenden Ereignissen und Entwicklungen sowie aus anderen wichtigen Anlässen unverzüglich zu informieren. Der Aufsichtsratsvorsitzende wird seinerseits laufenden Kontakt zum Vorstand halten, um sich über die Geschäftsentwicklung oder anstehende Probleme zeitnah informiert zu halten. Er entscheidet nach pflichtmäßigem Ermessen, ob, wann und wie die übrigen Aufsichtsratsmitglieder außerhalb der regelmäßigen Berichterstattung oder Aufsichtsratssitzungen informiert werden.

Kritische Durchsicht der Berichte

Die Vorstandsberichte sind von jedem Aufsichtsratsmitglied sorgfältig und kritisch durchzuarbeiten. Es muss dabei überlegen, ob die Angaben vollständig und schlüssig sind und ob geschätzte oder auf die Zukunft bezogene Daten auf wirtschaftlich vernünftigen und plausiblen Prämissen und Annahmen beruhen. Bei dieser Beurteilung sind die Erfahrungen und der kritische Sachverstand der Aufsichtsratsmitglieder gefragt.

Der Aufsichtsrat darf grundsätzlich davon ausgehen, dass die vom Vorstand gegebenen Informationen zutreffend sind. Er muss aber Hinweisen oder Umständen nachgehen, aus denen sich Zweifel an der **Richtigkeit, Vollständigkeit oder Plausibilität** der Informationen und Aussagen ergeben. Ggf. muss er vom Vorstand zusätzliche Informationen anfordern, bis aus seiner Sicht die Mängel behoben und die Bedenken ausgeräumt sind.

Genügen die ergänzenden Auskünfte nicht, muss der Aufsichtsrat selbst weitere Aufklärungsarbeit leisten, damit eines seiner Mitglieder oder einen Ausschuss beauftragen oder eine Überprüfung durch sachverständige Dritte, z. B. den Abschlussprüfer, vornehmen lassen. Der Aufsichtsrat darf sich auf die Informationen und Beurteilungen der Sachverständigen verlassen, es sei denn, sie enthalten offensichtliche Fehler oder Widersprüche.

Überwachung des Risikomanagements des Vorstands

Unternehmerische Tätigkeiten sind ohne Risikobereitschaft nicht möglich. Die Risiken müssen jedoch kalkulier- oder begrenzbar sein. Unter **Risiko** wird die Gefahr verstanden, dass Ereignisse, Entwicklungen und Handlungen das Unternehmen daran hindern, seine Ziele zu erreichen bzw. seine Strategien erfolgreich umzusetzen, sodass seine Existenz oder sein Erfolg bedroht sind.

Verantwortlich für das **aktive Risiko- und Überwachungsmanagement** der Gesellschaft ist der **Vorstand**. Er muss sich mit den vielfältigen Risiken auseinandersetzen, denen das Unternehmen ausgesetzt ist. Das Management dieser Risiken gehört zu den originären Führungsaufgaben des Vorstands.

Der Vorstand muss das Risikomanagement zweckmäßig organisieren. Bei steigender Größe und Komplexität des Unternehmens sind in Übereinstimmung mit der Führungsstruktur die Verantwortlichkeiten für die am Risikomanagement beteiligten Personen und Gremien festzulegen, um ein flächendeckendes Risikomanagement zu gewährleisten.

Risikomanagement

▸ *Risikobereitschaft und -präferenzen für das Unternehmen und seine Angehörigen definieren und eingrenzen,*

▸ *für das Unternehmen bestehende oder drohende Risiken identifizieren,*

▸ *Risiken in ihren möglichen Auswirkungen auf Erfolg und Existenz des Unternehmens und ihrer Eintrittswahrscheinlichkeit bewerten und überwachen,*

▸ *Risiken durch Vermeidung, Überwälzung an Dritte (z. B. Versicherungen), Vermindern oder Inkaufnahme so beherrschen, dass Erfolg und Existenz des Unternehmens nicht bedroht werden.*

Risikobereitschaft und -präferenzen leiten sich aus dem Zweck des Unternehmens und den Wertvorstellungen seiner Eigner und Topmanager ab. Sie sollten vom Vorstand in Abstimmung mit dem Aufsichtsrat in Form einer Risikopolitik und -strategie entwickelt und dokumentiert sowie in geeigneter Form kommuniziert werden. Wirksames Risikomanagement setzt Risikobewusstsein bei allen Mitarbeitern des Unternehmens voraus.

Risikopolitische Grundsätze

▸ *Eine kaufmännisch vernünftige Geschäftsführung geht keine unberechenbaren und keine unnötigen Risiken ein. Daher dürfen vermeidbare Risiken und geschäftsfremde Risiken nicht eingegangen werden.*

▸ *Existenzgefährdende Risiken sind zu vermeiden oder durch wirtschaftlich vertretbaren Risikoschutz so zu limitieren, dass eine ernsthafte Bedrohung aller Wahrscheinlichkeit nach ausgeschlossen ist.*

▸ *Tragbare Risiken müssen durch die mit größerer Wahrscheinlichkeit zu erwartende Rendite gerechtfertigt sein.*

Zur **Risikoidentifikation** gehören eine Bestandsaufnahme aller unternehmensextern oder -intern vorhandenen und latenten Risiken und ein Frühwarnsystem, das rechtzeitig die Veränderungen der für das Unternehmen relevanten Risiken anzeigt. Unter Nutzung aller einschlägigen Informationsquellen einschließlich spezieller Untersuchungen und Befragungen oder durch Brainstorming ist ein Risikokatalog zu erstellen.

Der Katalog wird von Einzelfall zu Einzelfall variieren und u. a. von Branche, Größe, Organisation und Situation des Unternehmens sowie von den Besonderheiten seiner relevanten Märkte abhängen. Er ist regelmäßig oder bei Bedarf zu aktualisieren, denn Chancen und Risiken für ein Unternehmen verändern sich oft und rasch, kontinuierlich oder diskontinuierlich. Risiken können entfallen, neue Risiken hinzukommen.

Die **Risikoanalyse** befasst sich mit den möglichen Auswirkungen der identifizierten Risiken. Sie gewichtet die einzelnen Risiken nach der Wahrscheinlichkeit ihres Eintritts und dem Ausmaß ihrer Ergebnis- oder Substanzbedrohung. Aus dieser Bewertung leiten sich die Maßnahmen zur Risikovermeidung oder -begrenzung ab, wie Verfahrensregeln, Schutzvorrichtungen oder Versicherungen. Das Portfolio der Risiken und des Risikoschutzes ergibt das Risikoprofil des Unternehmens, das unter Berücksichtigung absehbarer Entwicklungen mit der Risikostrategie abzustimmen ist.

Der **Aufsichtsrat** übt ein aktives Risiko- und Überwachungsmanagement nur im Rahmen seiner Überwachungsaufgabe aus, namentlich bei der gestaltenden und prüfenden Überwachung. So hat er z. B. zu prüfen, ob die Besetzung des Vorstands der Beherrschung der erkennbaren Risiken gerecht wird, ob der Vorstand ein geeignetes Überwachungssystem installiert hat und ob im Rahmen der Rechnungslegung die Risiken ausreichend berücksichtigt wurden.

Der Aufsichtsrat wird mit dem Vorstand insbesondere die Risikopolitik diskutieren und sich regelmäßig über das aktuelle Risikoprofil und das Überwachungssystem berichten lassen, um sich ein eigenes Bild über das Risikomanagement machen zu können.

Einmal jährlich oder bei relevanten Neuigkeiten sollte der Vorstand einen Statusbericht über die Risikolage des Unternehmens erstatten, damit der Aufsichtsrat sich davon überzeugen kann, dass der Prozess des Risikomanagements wirtschaftlich vernünftig angelegt ist und das Überwachungssystem funktioniert. Bei der Beurteilung werden die Aufsichtsratsmitglieder ihre eigenen Kenntnisse und Erfahrungen einbringen. Im Übrigen ist zu empfehlen, den Abschlussprüfer unterstützend heranzuziehen.

Rechnungslegung, Bilanzsitzung

Die Rechnungslegung des Unternehmens und die damit verbundene Rechenschaftslegung der Leitungs- und Überwachungsorgane stellen einen besonderen Schwerpunkt der Überwachungstätigkeit dar (s. S. 125 ff.).

Die grundlegenden Diskussionen finden in der Bilanzsitzung des Aufsichtsrats statt. Hier bietet sich die Gelegenheit, folgende **überwachungsrelevante Sachverhalte** in Gegenwart des Abschlussprüfers näher zu erörtern.

Checkliste: Kontrollfragen des Aufsichtsrats	
Hat der Vorstand unter Beachtung der rechtlichen und wirtschaftlichen Rahmenbedingungen sowie unter Berücksichtigung realistischer Chancen und vertretbarer Risiken wirtschaftlich vernünftige Ziele gesetzt?	✓
Wurden oder werden diese Ziele erreicht?	
Wird die Zielerreichung von der Geschäftsführung wirksam gesteuert und überwacht? Wird ein effizientes Controlling praktiziert?	
Gibt es ein gut funktionierendes Risikomanagement? Wird es an Veränderungen der Umwelt und des Unternehmens laufend angepasst?	
Gelten die Planungsprämissen unverändert? Zeigen sich neue Chancen und Risiken und werden sie genutzt bzw. kontrolliert?	
Handelt der Vorstand bei Ausübung seiner Leitungsfunktion recht- und ordnungsgemäß sowie wirtschaftlich und zweckmäßig?	

Checkliste: Kontrollfragen des Aufsichtsrats	
Sind Organisation, Abläufe und Verfahren des Unternehmens funktionsgerecht und zeitgemäß?	
Hat der Vorstand ungewöhnliche oder neuartige Sachverhaltsgestaltungen oder Geschäftsvorgänge gewählt?	

Überwachung im Konzern

Konzernleitung und Überwachung

Die meisten Unternehmen sind als Mutter- oder Tochterunternehmen in einen Konzern eingebunden. Auch mittelständische Unternehmen bilden häufig einen Konzern. Wegen der vielfältigen Verflechtungen und Abhängigkeiten der Konzernunternehmen untereinander und zur Nutzung von Verbundvorteilen muss der Konzern wie ein einheitliches, dezentral organisiertes Unternehmen geführt werden.

Die **Konzernführung** obliegt der Geschäftsführung des herrschenden Unternehmens (Mutterunternehmen). Sie ist Teil seiner Geschäftsführung. Der Aufsichtsrat des konzernleitenden Unternehmens hat die gesamte Geschäftsführung des Vorstands und damit auch die Konzernleitung zu überwachen. Darunter fällt auch die Mitgliedschaft der Vorstandsmitglieder in Organen von Tochterunternehmen (Aufsichtsrat oder Geschäftsführung), soweit sie die Konzernleitung und die Geschäftsführung des Mutterunternehmens tangiert.

Die konzernspezifische Erweiterung des Überwachungsfeldes ist bei größeren Konzernen erheblich. Die Akzentver-

schiebung zur Überwachung der Konzernleitung wird um-
so größer, je mehr sich die Geschäftsaktivitäten des Mutterunternehmens und des Konzerns auf die Tochterunternehmen verlagern. Das **Ausmaß der Überwachung** hängt
außerdem von den Einwirkungsmöglichkeiten und Verantwortlichkeiten der Konzernleitung ab, die von den rechtlichen und faktischen Grundlagen des Konzernverhältnisses
und der Organisation des Konzerns diktiert oder ermöglicht
werden.

Der Aufsichtsrat des Mutterunternehmens muss sich vergewissern, ob die notwendigen Voraussetzungen für eine
wirksame Überwachung der Konzernleitung gegeben sind
und zweckmäßig gehandhabt werden.

Voraussetzungen für eine effiziente Überwachung

▸ *sachgerechte Managementstruktur mit klar festgelegten
  Kompetenzen,*

▸ *durchgängiges Planungs- und Berichtssystem, das die
  Struktur und Entscheidungshierarchie des Konzerns wi-
  derspiegelt und zeitnah alle wesentlichen Informationen
  liefert,*

▸ *unabhängige Aufsichtsräte in Mutter- und Tochterunternehmen mit einschlägigen Erfahrungen und Sachkennt-
  nissen,*

▸ *wirksames Steuerungs- und Überwachungssystem innerhalb des Konzerns (internes Kontrollsystem, Risikomanagement, Controlling, Konzernrevision).*

Der Konzernverbund kann dazu führen, dass verschiedene
Aufsichtsräte mit ein und derselben Angelegenheit befasst
sind. Entsprechend der primären Zuständigkeit und Ver-

antwortlichkeit sollte eine hierarchisch abgestufte **Zustän-digkeitsregelung** getroffen werden, die in sachlicher oder zeitlicher Hinsicht sicherstellt, dass unnötige Reibungsver-luste vermieden werden und keine wesentlichen Überwa-chungslücken auftreten.

Überwachung der Konzernleitung

Gegenstand und Maßstab

Die konzernspezifische Überwachung des Aufsichtsrats des Mutterunternehmens beschränkt sich auf die **Geschäfts-führung der Konzernleitung**; sie greift nicht direkt auf die Geschäftsführung der rechtlich selbstständigen Toch-terunternehmen durch.

Hauptaufgabe der Konzernleitung ist, dafür zu sorgen, dass

▸ der Konzern ein nachhaltig tragfähiges Portfolio von strategischen Erfolgspositionen aufweist,

▸ mögliche Synergieeffekte des Konzernverbunds sinnvoll genutzt werden,

▸ die wirtschaftliche Entwicklung des Konzerns und seiner Unternehmen zeitnah und transparent dokumentiert werden und dass

▸ der Konzern und seine Unternehmen finanziell abgesi-chert werden.

Im Interesse marktnaher Entscheidungen und einer stärke-ren Motivation der Manager im Konzern sollte sich die Konzernführung auf ihre nicht delegierbaren Führungsauf-gaben konzentrieren. Eine **dezentrale Management-struktur** erfordert ein effizientes Konzerncontrolling, um sicherzustellen, dass die übergreifenden Konzernziele erreicht und die dezentralen Entscheidungen und Maßnahmen im Konzern zielorientiert koordiniert werden. Die Überwachung durch den Aufsichtsrat sollte der dezentralen Managementstruktur im Konzern folgen. Das bedeutet entsprechend abgestufte Kompetenzen für die Aufsichtsräte der Konzernunternehmen.

Bei der Überwachung der **konzernspezifischen Geschäftsführung** geht es um

▸ die wirtschaftlichen Verflechtungen zwischen den Konzernunternehmen und den sich daraus ergebenden Interdependenzen,

▸ die zweckmäßige Konzernorganisation,

▸ den nachhaltigen wirtschaftlichen Erfolg des Konzerns und seiner Unternehmen,

▸ die Beachtung des Konzernrechts sowie um

▸ die Rechtmäßigkeit, Ordnungsmäßigkeit, Wirtschaftlichkeit und Zweckmäßigkeit des Konzernmanagements.

Für internationale Konzerne sind zusätzlich die länderspezifischen Besonderheiten (Gesetzgebung, Restriktionen, Tradition) und die internationalen Märkte und deren Zusammenhänge, Regeln und Gepflogenheiten von Bedeutung.

Der Aufsichtsrat des konzernleitenden Unternehmens muss sich davon überzeugen, dass die Konzernführung über ein wirksames und zeitgemäßes **Planungs-, Informations- und Überwachungssystem** verfügt, das sämtliche Konzernunternehmen einschließt und die Gewähr bietet, dass die Konzernführung selbst ihren Überwachungsaufgaben nachkommen kann. Der konzernleitende Vorstand muss geeignete Maßnahmen treffen, damit Entwicklungen früh erkannt werden, die den Fortbestand des Konzerns und der Konzernobergesellschaft gefährden können.

Im Blickpunkt des Aufsichtsrats stehen u. a. folgende **Risiken der Konzernführung**:

▸ Interessenkonflikte zwischen Mutter- und Tochterunternehmen,

▸ Risiken aus der finanziellen und technisch-wirtschaftlichen Verflechtung der Konzernunternehmen,

▸ Koordinierungsmängel bei dezentraler Managementstruktur.

Der Aufsichtsrat muss sich nicht nur mit der Geschäftsentwicklung des Konzerns und der wichtigen Konzernunternehmen, sondern speziell auch mit den Einwirkungen der Konzernleitung auf die Konzernunternehmen auseinandersetzen, um deren wirtschaftliche Auswirkungen und das Risiko nachteiliger Rechtsfolgen auf die Konzernobergesellschaft und den Konzern zu bedenken.

Die Konzernführung muss das **Interesse des Konzerns** als Ganzes und der Konzernobergesellschaft verfolgen, wobei entsprechend ihrer Organstellung im Konfliktfall das nachhaltige Interesse der Konzernobergesellschaft vorrangig ist.

Interessenkonflikte zwischen dem Konzern als Ganzes und dem konzernleitenden Unternehmen sind selten. Häufiger kann es zu abweichenden Interessen zwischen dem konzernleitenden und den abhängigen Unternehmen kommen, z. B. wenn die Konzernleitung einen Geschäftsbereich für den Konzern aufgeben oder aus strategischen

Gründen Ressourcen von einem Konzernunternehmen zu einem anderen verlagern will.

Insofern hat insbesondere der Aufsichtsrat der **abhängigen Unternehmen** darauf zu achten, dass dessen Geschäftsführung bei Einflussnahme der Konzernleitung die Eigeninteressen des Unternehmens wahrt und ggf. Nachteile ausgeglichen werden (s. S. 121 und 155).

Aufbau und Gliederung des Konzerns und die Struktur seines Managements werden von vielen Faktoren bestimmt, wie von der historischen Entwicklung, der Eigenart des Geschäfts, Art und Intensität der konzerninternen Lieferungen und Leistungen sowie nicht zuletzt von der Unternehmenspolitik und Managementphilosophie der Konzernführung. Besondere Risiken ergeben sich bei der Integration von neu erworbenen Unternehmen, bei der Veräußerung von Konzernbereichen oder -unternehmen und ähnlichen gravierenden Veränderungen der geschäftlichen Tätigkeiten des Konzerns.

Berichterstattung der Konzernleitung

Der Vorstand des konzernleitenden Unternehmens hat seinem Aufsichtsrat analog zu dem auf Seite 99 aufgeführten **Berichtskatalog** über die wirtschaftliche Entwicklung des Konzerns und seiner Unternehmen regelmäßig zu berichten. Für alle wesentlichen erfolgskritischen Daten und Entwicklungen der Konzernunternehmen sind Soll-Ist-Vergleiche und eine Vorausschau auf die künftige Entwicklung unverzichtbar.

Außerdem ist der Aufsichtsratsvorsitzende über wichtige Vorgänge bei den Konzernunternehmen, die auf die Lage des Konzerns und der Konzernobergesellschaft von erheblichem Einfluss sein können, unverzüglich zu informieren.

Umfang und Häufigkeit der **Berichte des Vorstands** an den Aufsichtsrat richten sich nach der Lage und Entwicklung des Konzerns und seiner wichtigen Unternehmen. Diskontinuierliche Entwicklungen, strukturelle Veränderungen oder Krisensymptome sind Anlass für eine intensivere Berichterstattung und Überwachungstätigkeit.

Genehmigungspflichtige Geschäfte

Die Zustimmungsvorbehalte des Aufsichtsrats des Mutterunternehmens für bestimmte Arten von Geschäften sind im Zweifel konzernweit anzuwenden. Die **konzernübergreifenden Zustimmungsvorbehalte** sollten hierarchisch gestaffelt werden, z. B. durch entsprechende Betragsgrenzen, damit sie der dezentralen Verantwortung der Geschäftsführungs- und Überwachungsorgane innerhalb der Konzerne gerecht werden.

Vorstand und Aufsichtsrat der Konzernobergesellschaft sollten für vorhersehbare oder wiederkehrende Maßnahmen (z. B. Investitionen, Kreditaufnahmen) einen Rahmen vorgeben, innerhalb dessen die Geschäftsführung und der Aufsichtsrat der Tochterunternehmen autonom entscheiden können.

Um bei unvorhergesehenen Ereignissen und dringendem Handlungsbedarf rasch reagieren zu können, bedarf es eines guten Vertrauensverhältnisses innerhalb des Konzerns und einer Regelung, die unkomplizierte und schnelle Abstimmung der betroffenen Leitungs- und Überwachungsorgane möglich macht.

Konzerntypische Zustimmungsvorbehalte des Aufsichtsrats der Konzernobergesellschaft:

▸ konzernpolitische Grundsätze und strategische Ausrichtung des Konzerns, einschließlich Konzern-Risikopolitik,

▸ Konzernplanung, einschließlich Risikoprofil des Konzerns,

▸ Eintritt in neue und Aufgabe von Geschäftsfeldern,

▸ Erwerb, Veräußerung oder Veränderung von Beteiligungen an anderen Unternehmen,

▸ Abschluss, Änderung oder Kündigung von Unternehmensverträgen,

▸ wesentlicher Inhalt von Gesellschaftsverträgen und Geschäftsordnungen namhafter Tochterunternehmen,

▸ Grundzüge wichtiger Konzernrichtlinien, die für die Lage und Entwicklung des Konzerns und für eine ordnungs- und zweckmäßige Konzernführung von Bedeutung sind,

▸ die Bilanz- und Finanzpolitik des Konzerns und die Kapitalausstattung der Konzernunternehmen,

▸ Verfahren der Liquiditätssteuerung und -sicherung einschließlich Cash-Management sowie Zins- und Währungsmanagement innerhalb des Konzerns.

Finanzielle Abhängigkeiten

Zwischen den Konzernunternehmen bestehen vielfältige **finanzielle Verflechtungen**. Eine kapitalmäßige Verflechtung ergibt sich zunächst aus der direkten oder indirekten Beteiligung der Konzernobergesellschaft an den anderen Konzernunternehmen. Wegen der mehrheitlichen Kapitalbeteiligung an den Tochterunternehmen stellt das Eigenkapital des Mutterunternehmens im Wesentlichen das

Eigenkapital des Konzerns und die wesentliche Haftungsunterlage für die Kredite an die Konzernunternehmen dar.

Die **Kreditwürdigkeit** der einzelnen Konzernunternehmen hängt stark von der Kreditwürdigkeit des Konzerns insgesamt und der der Konzernobergesellschaft ab. Verluste oder ein hoher Verschuldungsgrad eines Konzernunternehmens wirken sich nicht nur auf die Lage des Gesamtkonzerns aus, sondern können auch andere Konzernunternehmen treffen.

Weitere finanzielle Verflechtungen beruhen auf Ausleihungen, Forderungen und Verbindlichkeiten, bei denen Schuldner und Gläubiger jeweils Konzernunternehmen sind. Sie ergeben sich auch aus Haftungen und Sicherheitsleistungen eines Konzernunternehmens für ein anderes.

Es kann notwendig werden, Konzernunternehmen, die hohen Risiken ausgesetzt sind, z. B. aufgrund einer kritischen Produkthaftung, im Interesse der Konzernobergesellschaft oder des Gesamtkonzerns „finanziell abzuschotten".

Ein **Cash-Pooling** oder zentrales Cash-Management im Konzern hat Vorteile für die beteiligten Unternehmen, ist aber nicht ohne Risiken, denn es verbindet die beteiligten Unternehmen zu einer Liquiditäts-Gefahrengemeinschaft. Liquiditätsengpässe eines Konzernunternehmens können die Zahlungsbereitschaft des Konzerns oder anderer Konzernunternehmen infrage stellen.

Der Aufsichtsrat hat zu überwachen, dass die Konzernleitung ihren diesbezüglichen Steuerungs- und Überwachungsaufgaben in personeller und organisatorischer Hinsicht sachgerecht nachkommt. Dazu gehört z. B., dass das Cash-Management differenziert gehandhabt und u. U.

nicht vollständig zentralisiert wird. Insbesondere dürfen zweckgebundene Finanzmittel nicht oder nur in bestimmten Grenzen in das zentrale Cash-Management einbezogen werden.

Die **finanziellen Risiken** können sich durch Währungs- und Zinsrisiken verstärken, die in vielen Konzernen ebenfalls zentral gemanagt werden. Die Absicherungsmaßnahmen, u. a. durch derivative Finanzinstrumente, müssen professionell gehandhabt und kontrolliert werden, um nicht zusätzliche Risiken auszulösen.

> Der Aufsichtsrat sollte darauf bestehen, dass strenge Verfahrensregeln für den Abschluss und die Abwicklung derivativen Finanzgeschäften vorhanden sind, die genutzten Finanzinstrumente und ihre (möglichen) Auswirkungen auf die finanzielle Situation des Konzerns und seiner Unternehmen verständlich erklärt werden und über die aktuellen Netto-Positionen (Exposure) regelmäßig berichtet wird.

Sonstige Abhängigkeiten

Der **konzerninterne Leistungsaustausch** kann zu produktionswirtschaftlichen und administrativen Abhängigkeiten eines Konzernunternehmens von einem anderen führen. Sie werden hauptsächlich von dem Umfang des konzerninternen Leistungsaustausches, von der konzernpolitisch bestimmten Ausschließlichkeit oder Priorität für konzerninterne Leistungsbezüge sowie von der Gestaltung der Verrechnungspreise und Zahlungskonditionen beeinflusst.

Der Leistungsaustausch sollte aus betriebswirtschaftlichen und steuerlichen Gründen zu Marktbedingungen (at arm's length) erfolgen.

Die **Einflussnahme der Konzernobergesellschaft** auf die Tochterunternehmen unterliegt im Interesse der Tochterunternehmen und deren Minderheitsgesellschafter rechtlichen Einschränkungen. Im vertraglich begründeten Konzernverhältnis (Vertragskonzern) darf die Konzernleitung die abhängige AG zu nachteiligen Maßnahmen veranlassen, wenn dies den Belangen des herrschenden oder eines verbundenen Unternehmens dient.

Dagegen darf in einem faktischen Konzern die Leitungsmacht nicht zum Nachteil einer abhängigen AG anderweitig ausgeglichen werden. Zur Vorsorge und zur Kontrolle hat der Vorstand einer abhängigen Aktiengesellschaft, die keinen Beherrschungsvertrag mit dem herrschenden Unternehmen abgeschlossen hat, in den ersten drei Monaten des Geschäftsjahres einen Bericht über die Beziehungen der Gesellschaft zu verbundenen Unternehmen aufzustellen. In dem sog. **Abhängigkeitsbericht** sind sämtliche Rechtsgeschäfte mit Leistung und Gegenleistung aufzuführen, die die Gesellschaft mit dem Mutterunternehmen oder einem mit ihm verbundenen Unternehmen oder auf Veranlassung oder im Interesse dieser Unternehmen vorgenommen hat.

Außerdem sind andere Maßnahmen, die die Gesellschaft auf Veranlassung oder im Interesse der verbundenen Unternehmen vorgenommen oder unterlassen hat, mit den Gründen sowie den Vor- und Nachteilen für die abhängige AG zu nennen. Ferner ist festzustellen, wie etwaige Nachteile ausgeglichen worden sind.

Konzernrechnungslegung

Auf die Rechnungslegung des Konzerns wird auf den Seiten 158 ff. näher eingegangen.

Überwachung der Geschäftsführung der Tochterunternehmen

Die Überwachungsaufgabe des Aufsichtsrats des Tochterunternehmens wird durch das Konzernverhältnis prinzipiell nicht berührt, auch dann nicht, wenn die Geschäftsführung der Tochterunternehmen – im Rahmen des rechtlich Zulässigen – von der Konzernleitung gesteuert und überwacht wird.

Der Aufsichtsrat des Tochterunternehmens hat das **Interesse des Tochterunternehmens** wahrzunehmen, d. h. alle Aufsichtsratsmitglieder sind dem Interesse des Tochterunternehmens verpflichtet. Das gilt auch für Mitglieder, die zugleich Mitglieder der Konzernleitung sind.

Der Aufsichtsrat des Tochterunternehmens hat u. a. die konzernbedingten Auswirkungen auf die Lage und Entwicklung des Tochterunternehmens zu beobachten, die sich insbesondere aus der finanziellen Verflechtung der Konzernunternehmen und dem konzerninternen Liefer- und Leistungsaustausch ergeben. Wenn kein Beherrschungsvertrag vorliegt, hat der Vorstand der abhängigen AG einen Abhängigkeitsbericht zu erstellen (s. S. 120).

Aufsichtsratsmitglieder des Tochterunternehmens, die Mitglieder der Konzernleitung sind, sind im Allgemeinen durch das Konzern-Controlling detailliert über das Tochterunternehmen informiert. Das tangiert aber nicht die Berichterstattungspflicht des Vorstands des Tochterunternehmens gegenüber seinem Aufsichtsrat. Er hat unabhängig vom Konzern-Controlling alle Aufsichtsratsmitglieder zweckgerecht und gleichmäßig zu informieren.

Allerdings kann der Aufsichtsrat des Tochterunternehmens die Intensität seiner Überwachung reduzieren, wenn das Tochterunternehmen durch ein gutes Konzern-Controlling überwacht wird, die Interessen des Tochterunternehmens hinreichend gewahrt werden und der Aufsichtsrat aufgrund einer ausreichenden Berichterstattung von einer normalen und planmäßigen Entwicklung des Unternehmens ausgehen kann.

Auf den Punkt gebracht

Die Überwachung der Geschäftsführung bezieht sich auf alle Leitungs- und Verwaltungsmaßnahmen, die der Vorstand entsprechend seinen originären Führungsaufgaben durchführen oder veranlassen muss. Wesentliche Grundlage für die Überwachung bildet die regelmäßige Berichterstattung des Vorstands an den Aufsichtsrat, die alle wesentlichen Erfolgsgrößen in aktueller Form darstellen und verständlich erläutern muss.

Für eine zukunftsorientierte Überwachung sind den Istdaten die entsprechenden Plandaten und die voraussichtliche weitere Entwicklung gegenüberzustellen. Zur Überwachung gehört die Diskussion und Beratung über die strategische Ausrichtung des Unternehmens.

Besondere Schwerpunkte der Überwachung bilden das Risikomanagement und das interne Kontroll- und Überwachungssystem. Geschäfte, die für die Lage und Entwicklung des Unternehmens von gravierender Bedeutung sind, sind an die Zustimmung des Aufsichtsrats zu binden.

Für den Aufsichtsrat eines Konzernunternehmens sind konzernspezifische Überwachungsanforderungen zu beachten.

Prüfung der Rechnungslegung

Inhalt und Zweck der Rechnungslegung

Rechnungslegungspflichten

Die Rechnungslegung kaufmännischer Unternehmen umfasst die Aufstellung, Prüfung und Offenlegung von jährlichen oder unterjährigen Finanzberichten. Jedes Unternehmen hat zu Beginn seiner Tätigkeit eine Eröffnungsbilanz und danach für den Schluss jedes Geschäftsjahres einen **Jahresabschluss** mit Bilanz und einer Gewinn-und-Verlust-Rechnung (GuV) aufzustellen. Kapitalgesellschaften müssen den Jahresabschluss um einen Anhang und einen Lagebericht ergänzen.

Die handelsrechtliche Rechnungslegung ist im Wesentlichen im dritten Buch des **HGB** gesetzlich geregelt. Zusätzlich sind die Grundsätze ordnungsmäßiger Buchführung zu beachten.

Der **Umfang der Rechnungslegung** hängt ab von

▸ der Rechtsform des Unternehmens und dem Haftungsumfang der Unternehmenseigentümer,

▸ der Größe des Unternehmens,

▸ der Inanspruchnahme des Kapitalmarkts durch das Unternehmen und

▸ der Branchenzugehörigkeit des Unternehmens.

Unternehmen, die über ein oder mehrere andere Unternehmen einen beherrschenden Einfluss ausüben (Mutterunternehmen), müssen einen **Konzernabschluss** und einen Konzernlagebericht aufstellen. Kapitalmarktorientierte Mutterunternehmen sowie solche, die die Zulassung von Wertpapieren zum Handel an einem organisierten Markt beantragt haben, müssen ihren Konzernabschluss auf der Grundlage der von der Europäischen Union übernommenen internationalen Rechnungslegungsstandards (IFRS) aufstellen.

Der Aufsichtsrat hat im Rahmen seiner Überwachungspflicht nachzuprüfen, ob eine Pflicht zur Konzernrechnungslegung besteht und der Vorstand sie erfüllt.

Zwecke der Rechnungslegung

Zwecke des **HGB-Jahresabschlusses** sind

▸ die Ermittlung des ausschüttungsfähigen Gewinns,

▸ mit Modifikationen die Ermittlung des steuerpflichtigen Ergebnisses,

▸ die Dokumentation der Lage des Unternehmens und des Geschäftsverlaufs,

▸ zutreffende Darstellung der wirtschaftlichen Lage des Unternehmens zum Bilanzstichtag sowie des Geschäftsverlaufs und des -ergebnisses des abgelaufenen Geschäftsjahres, und zwar zur Information für Unternehmensleitung, Aufsichtsorgane, Eigentümer (Gesellschafter, Aktionäre), Kreditgeber, Arbeitnehmer, Kunden und Lieferanten und der Öffentlichkeit,

▸ Rechenschaftslegung gegenüber Aufsichtsorganen, Gesellschaftern und anderen Überwachungs- und Kontrollgremien.

Der **Konzernabschluss** hat im Gegensatz zum Einzelabschluss „nur" eine Informations- und Rechenschaftsfunktion.

Inhalt des Jahresabschlusses und Lageberichts

Die **Bilanz** weist die unter Beachtung der maßgeblichen Rechnungslegungsnormen (insbesondere HGB oder IFRS) erfassten und bewerteten Vermögensgegenstände und Schulden sowie als verbleibende Differenz das Reinvermögen oder buchmäßige Eigenkapital des Unternehmens aus. Sie stellt eine „Momentaufnahme" der Vermögens- und Finanzlage zum Bilanzstichtag dar.

Die **GuV** zeigt durch Gegenüberstellung von Erträgen und Aufwendungen den im Geschäftsjahr erzielten Gewinn oder Verlust (Jahresüberschuss oder Jahresfehlbetrag) und die Ertragslage des Unternehmens.

Der **Anhang** enthält Aufgliederungen und Erläuterungen zu den genannten Rechenwerken und weitere Angaben.

Der **Lagebericht** ergänzt die Aussagen des Jahresabschlusses, um ein den tatsächlichen Verhältnissen entsprechendes Bild der Vermögens-, Finanz- und Ertragslage des Unternehmens zu vermitteln, und geht auch auf die voraussichtliche Entwicklung des Unternehmens und deren wesentlichen Chancen und Risiken ein.

Konzernabschluss und Konzernlagebericht

Die Konzernrechnungslegung beruht auf der Fiktion, dass der Konzern eine unternehmerische Einheit darstellt,

sodass die einzelnen Konzernunternehmen wie unselbst-
ständige Teilbetriebe einer einheitlichen Unternehmung
behandelt werden. Dementsprechend werden die bilanz-
und ergebnismäßigen Auswirkungen konzerninterner Ge-
schäftsvorgänge im Konzernabschluss rückgängig gemacht oder eliminiert (= Konsolidierung).

Der Konzernabschluss enthält neben Konzernbilanz, Kon-
zern-GuV und Konzernanhang folgende Bestandteile:

▸ Der **Eigenkapitalspiegel** zeigt die im Geschäftsjahr ein-
getretenen Veränderungen des Eigenkapitals, die entweder erfolgswirksam in der GuV erfasst oder erfolgs-
neutral direkt mit dem Eigenkapital verrechnet wurden.

▸ Die **Kapitalflussrechnung** weist die Zahlungsströme
des Geschäftsjahres (Cashflows) gegliedert nach laufen-
der Geschäftstätigkeit, Investitionstätigkeit und Finanzie-
rungsaktivitäten aus.

▸ Der freiwillig erstellte **Segmentbericht** enthält wichtige
Finanzdaten für die einzelnen Geschäftsfelder des Konzerns.

Der **Konzernlagebericht** entspricht inhaltlich dem Lagebericht und stellt Geschäftsverlauf, -ergebnis und Lage
sowie die voraussichtliche Entwicklung des Konzerns dar.

Besonderheiten der IFRS-Rechnungslegung

Die International Financial Reporting Standards (IFRS), die
nicht zwischen Einzel- und Konzernabschluss unterscheiden, stellen allein auf **entscheidungsrelevante Informationen** für die Investoren ab. Im Mittelpunkt stehen

dabei der zutreffende Periodenerfolg und der Cashflow des Unternehmens oder Konzerns. Der IFRS-Abschluss soll eine Grundlage für die Einschätzung der künftigen Zahlungsüberschüsse bilden, deren abgezinster Betrag letztlich den Wert des Unternehmens bestimmt. Er dient nicht dazu, den ausschüttungsfähigen Gewinn zu ermitteln.

Zur Darstellung von zeitnahen Wertansätzen werden in den IFRS das Vorsichts- und das Realisationsprinzip, die das HGB beherrschen, eingeschränkt, sodass auch über die (fortgeführten) Anschaffungs- oder Herstellungskosten hinausgehende Zeitwerte (**Fair Value**) anzusetzen sind oder angesetzt werden können. Damit werden i. S. d. HGB noch nicht realisierte Gewinne ausgewiesen.

Die Zeitwertbewertung ist für bestimmte Finanzinstrumente vorgeschrieben. Im Übrigen kann der Zeitwert wahlweise für Sachlagen, für als Finanzanlagen gehaltene Immobilien und für die übrigen Finanzinstrumente (Fair Value Option) angesetzt werden. Soweit für die beizulegenden Zeitwerte keine Marktwerte vorliegen, was häufig der Fall ist, sind mit ihrer Ermittlung mehr oder weniger subjektive Einschätzungen und nicht unerhebliche Ermessensspielräume verbunden.

Weitere wesentliche Unterschiede zum HGB bestehen hinsichtlich der dem Fertigungsgrad entsprechenden Ertragsrealisierung bei langfristigen Aufträgen sowie der Aktivierungspflicht für Entwicklungskosten und aktiven latenten Steuern.

Der Rechnungslegungsprozess

Die Einhaltung der Fristen und eine zuverlässige Abschluss-erstellung verlangen eine entsprechende **Organisation** des Rechnungslegungsprozesses. Hohe Organisationsanforderungen ergeben sich für die Aufstellung des Konzernabschlusses, der auf den geprüften Einzelabschlüssen des Mutterunternehmens und der in den Konzernabschluss einzubeziehenden in- und ausländischen Tochterunternehmen beruht.

Aufstellung des Abschlusses

Die gesetzlichen Vertreter des Unternehmens, bei Kapitalgesellschaften also der Vorstand oder die Geschäftsführung, haben den Jahresabschluss unter Beachtung der einschlägigen Vorschriften innerhalb der einem ordnungsmäßigen Geschäftsgang entsprechenden Zeit aufzustellen.

Große und mittelgroße Kapitalgesellschaften sowie andere publizitätspflichtige Unternehmen müssen den Jahresabschluss und den Lagebericht in den ersten drei Monaten nach dem Bilanzstichtag aufstellen; **kleine Kapitalgesellschaften** innerhalb von sechs Monaten; sie brauchen keinen Lagebericht aufzustellen. Personengesellschaften, bei denen keine natürliche Person voll haftet (sog. Kapitalgesellschaften & Co.), sind den Kapitalgesellschaften gleichgestellt.

Der Vorstand einer eingetragenen **Genossenschaft** hat den Jahresabschluss und den Lagebericht in den ersten fünf Monaten des Geschäftsjahres für das vergangene Geschäftsjahr aufzustellen.

Mutterunternehmen haben den Konzernabschluss und den -lagebericht in den ersten fünf Monaten nach dem Ende des Geschäftsjahres aufzustellen.

Vorlage und Prüfung der Abschlussunterlagen

Kapitalgesellschaften müssen ihren Jahresabschluss und Lagebericht von einem externen Abschlussprüfer prüfen lassen (s. S. 134 ff.). Außerdem sind Jahresabschluss und Lagebericht vom Aufsichtsrat zu prüfen (s. S. 145 ff.). Der Vorstand muss den von ihm aufgestellten Jahresabschluss und Lagebericht unverzüglich, d. h. ohne schuldhaftes Zögern, dem Abschlussprüfer und dem Aufsichtsrat vorlegen.

Dasselbe gilt bei Mutterunternehmen für den Konzernabschluss und den -lagebericht sowie bei abhängigen AGs für den sog. Abhängigkeitsbericht. Der späteste Vorlagetermin ergibt sich aus den vorstehend aufgeführten Fristen.

Als **Vorlage an den Aufsichtsrat** reicht die Übergabe an den Aufsichtsratsvorsitzenden aus; dieser hat die Vorlagen an die übrigen Aufsichtsratsmitglieder sowie insbesondere an den Prüfungsausschuss weiterzureichen. Die Vorlage der vom Abschlussprüfer noch nicht geprüften „Entwürfe" dienen zur Vorbereitung auf die dem Aufsichtsrat obliegende Abschlussprüfung. Sie erfolgt abschließend nach der Vorlage des Prüfungsberichts des externen Abschlussprüfers.

Billigung und Feststellung des Abschlusses

Der Aufsichtsrat hat nach Abschluss seiner Prüfung zu beschließen, ob er den Jahresabschluss billigt oder nicht.

Bei der **Aktiengesellschaft** ist der Jahresabschluss mit der Billigung durch den Aufsichtsrat festgestellt, es sei denn, Vorstand und Aufsichtsrat beschließen, die Feststellung der Hauptversammlung zu überlassen. Die Hauptversammlung ist an den festgestellten Jahresabschluss gebunden. Sie entscheidet lediglich über die Verwendung des dort ausgewiesenen Bilanzgewinns.

Bei der **Kommanditgesellschaft auf Aktien** (KGaA) beschließt die Hauptversammlung über die Feststellung des Jahresabschlusses. Der Beschluss bedarf der Zustimmung der Komplementäre.

Über die Feststellung des Jahresabschlusses entscheidet bei der **GmbH** die Gesellschafter- und bei der **Genossenschaft** die Generalversammlung.

Bei anderen Unternehmen erfolgt die Feststellung des Jahresabschlusses in der Regel durch den Inhaber oder die Gesellschafter des Unternehmens.

Offenlegung der Rechnungslegung

Der festgestellte Jahresabschluss und die zugehörigen Unterlagen sind unverzüglich beim Betreiber des elektronischen Bundesanzeigers elektronisch einzureichen und im Bundesanzeiger bekannt machen zu lassen.

Zuständig für die **Offenlegung** sind die gesetzlichen Vertreter des Unternehmens, bei Kapitalgesellschaften also das Geschäftsführungsorgan. Zur Überwachungsaufgabe des Aufsichtsrats gehört auch die Kontrolle, ob der Vorstand den Offenlegungspflichten ordnungsgemäß nachkommt.

Die Offenlegung muss spätestens vor Ablauf des zwölften Monats des dem Bilanzstichtag nachfolgenden Geschäftsjahres erfolgen. Der DCGK empfiehlt börsennotierten Gesellschaften, dass der Konzernabschluss innerhalb von 90 Tagen nach Geschäftsjahresende öffentlich zugänglich sein soll. Die Umsetzung dieser Empfehlung bedeutet bei einem mit dem Kalenderjahr identischen Geschäftsjahr, dass die Bilanzsitzung des Aufsichtsrats spätestens bis Ende März stattfinden muss und die dem Aufsichtsrat vom Vorstand vorzulegenden Unterlagen nebst Prüfungsbericht des Abschlussprüfers dem Aufsichtsrat bis Ende Februar übermittelt werden.

Chronologische Einbindung des Aufsichtsrats in den Rechnungslegungsprozess

▸ *Der Aufsichtsrat muss der Hauptversammlung einen qualifizierten und geeigneten **Abschlussprüfer vorschlagen**.*

▸ *Unverzüglich nach der Wahl des Abschlussprüfers hat der Aufsichtsrat diesem den **Prüfungsauftrag** zu erteilen.*

▸ *Der vom Vorstand vorgelegte Jahresabschluss und der Lagebericht sowie gegebenenfalls der Konzernabschluss und der -lagebericht sind unter Heranziehung des Prüfungsberichts des Abschlussprüfers **vom Aufsichtsrat zu prüfen**.*

▸ *Über das Ergebnis seiner Prüfung muss der Aufsichtsrat einen Beschluss fassen. Er muss dann entscheiden, ob er den Jahres- bzw. Konzernabschluss **billigt** oder nicht.*

▸ *Der Aufsichtsrat hat den Vorschlag des Vorstands für die **Verwendung des** im Jahresabschluss ausgewiesenen **Bilanzgewinns** zu prüfen.*

▸ *Der Aufsichtsrat hat der **Hauptversammlung** über das Ergebnis seiner Prüfung zu berichten.*

Prüfung durch den Abschlussprüfer

Der Abschlussprüfer erfüllt eine doppelte Funktion. Er ist einerseits

▸ unterstützender Sachverständiger für den Aufsichtsrat und damit aktiver Funktionsträger der internen Unternehmenskontrolle und auf der anderen Seite

▸ gegenüber der Außenwelt öffentlicher Garant für eine normengerechte Rechnungslegung und damit ein Element der externen Unternehmenskontrolle.

Wahl des Abschlussprüfers

Zuständig für die Wahl des Abschlussprüfers sind die Anteilseigner des Unternehmens. Bei Genossenschaften entfällt die Wahl; hier ist Abschlussprüfer der Prüfungsverband, dem die Genossenschaft angehört.

Der Aufsichtsrat hat der Hauptversammlung einen Abschlussprüfer zur Wahl vorzuschlagen, der die gesetzlich geforderten Qualifikationen erfüllt. Für den **Wahlvorschlag an die Hauptversammlung** ist der Aufsichtsrat als Gesamtorgan zuständig. Die Hauptversammlung ist an den Wahlvorschlag nicht gebunden.

Der Wahlvorschlag kann von einem Prüfungsausschuss des Aufsichtsrats vorbereitet werden, z. B. durch Einholung von Angeboten oder durch Interviews mit möglichen Abschlussprüfern und eine Empfehlung an den Aufsichtsrat. Bei kapitalmarktorientierten Kapitalgesellschaften ist der Wahlvorschlag des Aufsichtsrats auf die Empfehlung des Prüfungsausschusses zu stützen.

Als **Abschlussprüfer** einer großen Kapitalgesellschaft sowie von Unternehmen, die unter das Publizitätsgesetz fallen, kommen nur Wirtschaftsprüfer oder Wirtschaftsprüfungsgesellschaften infrage. Abschlussprüfer mittelgroßer Kapitalgesellschaften können auch vereidigte Buchprüfer oder Buchprüfungsgesellschaften sein. Kleine Kapitalgesellschaften sind von der Abschlussprüfung befreit.

Im Interesse der Unabhängigkeit und Unbefangenheit des Abschlussprüfers nennt das Gesetz mehrere Gründe, die einen Wirtschaftsprüfer oder eine Prüfungsgesellschaft von der Wahl zum Abschlussprüfer ausschließen. Als Ausschlussgründe gelten z. B. finanzielle Beziehungen zum zu prüfenden Unternehmen oder anderweitige Dienstleistungen für das Unternehmen oder wirtschaftliche Abhängigkeit vom Unternehmen.

Der DCGK empfiehlt dem Aufsichtsrat, vor dem Beschluss über den an die Hauptversammlung gerichteten Wahlvorschlag eine **Erklärung des vorgesehenen Prüfers** einzuholen, ob und ggf. welche beruflichen, finanziellen oder sonstigen Beziehungen zwischen dem Prüfer und dem Unternehmen und seinen Organmitgliedern bestehen, die Zweifel an seiner Unabhängigkeit begründen können, und ob etwaige Ausschlussgründe für seine Wahl als Abschlussprüfer gegeben sind. Zuständig für das Auskunftsersuchen ist der Aufsichtsrat oder der Prüfungsausschuss.

Bei kapitalmarktorientierten Unternehmen hat der Aufsichtsrat darauf zu achten, dass der verantwortliche Wirtschaftsprüfer nach siebenmaliger Prüfungsleitung nicht mehr mit der Abschlussprüfung betraut werden darf. Ist eine Wirtschaftsprüfungsgesellschaft als Abschlussprüfer gewählt worden, genügt es, dass ein anderer Wirtschaftsprüfer dieser Prüfungsgesellschaft die Verantwortung für die Abschlussprüfung übernimmt (sog. interne **Rotation**). Damit können die unternehmensspezifischen Kenntnisse der Prüfungsgesellschaft für die folgenden Abschlussprüfungen genutzt werden.

Prüfungsauftrag an den Abschlussprüfer

Die Zuständigkeit für den Prüfungsauftrag an den Abschlussprüfer ist vom Gesetzgeber dem Aufsichtsrat überantwortet worden, um im Interesse einer besseren Unternehmenskontrolle die Neutralität des Abschlussprüfers gegenüber dem Vorstand und die Zusammenarbeit von Aufsichtsrat und Abschlussprüfer zu verstärken.

Der Aufsichtsrat ist auch zuständig für die **Honorarvereinbarung** mit dem Abschlussprüfer. Um die Honorarforderungen auf ihre Angemessenheit und Übereinstimmung mit anerkannten und berufsmäßigen Grundsätzen zu prüfen, kann die Einholung von Angeboten oder eine begrenzte Ausschreibung unter geeigneten Wirtschaftsprüfern oder Wirtschaftsprüfungsgesellschaften nützlich sein, die in angemessenen zeitlichen Abständen erfolgen sollten, z. B. alle drei bis fünf Jahre.

Gegenstand und Ansatz der gesetzlichen Abschlussprüfung

Nach dem **gesetzlichen Prüfungsauftrag** umfasst die Abschlussprüfung die Buchführung, den Jahresabschluss und den Lagebericht sowie bei börsennotierten Aktiengesellschaften das vom Vorstand einzurichtende Überwachungssystem. Bei Mutterunternehmen kommen der Konzernabschluss, der Konzernlagebericht und die zusammengefassten Jahresabschlüsse der Tochterunternehmen, insbesondere die konsolidierungsbedingten Anpassungen, hinzu.

Abschluss, Lagebericht und die zugrunde liegende Buchführung sind daraufhin zu prüfen, ob bei ihrer Aufstellung die gesetzlichen Vorschriften und die sie ergänzenden Grundsätze ordnungsmäßiger Buchführung (GoB) und Satzungsbestimmungen oder sonstige maßgebliche Rechnungslegungsgrundsätze beachtet worden sind. Abschluss und Lagebericht sollen insgesamt eine zutreffende Darstellung von der Lage und Entwicklung des Unternehmens oder Konzerns vermitteln und mit dem Prüfungsergebnis des Abschlussprüfers im Einklang stehen.

Der Abschlussprüfer hat seine Prüfung so anzulegen, dass **Unrichtigkeiten und Verstöße** gegen Rechnungslegungsvorschriften bei gewissenhafter Berufsausübung erkannt werden. Insofern hat er die zu prüfenden Unterlagen und die Auskünfte des Vorstands planmäßig einer kritischen Kontrolle zu unterziehen. Die Abschlussprüfung zielt jedoch nicht auf die Aufdeckung von Unterschlagungen und anderen Vermögensschädigungen. Der Abschlussprüfer hat allerdings das Risiko solcher Verstöße bei seiner Prüfungsplanung zu bedenken und muss Anhaltspunkten nachgehen.

Da die Abschlussprüfung aus zeitlichen und sachlichen Gründen keine vollständige, sondern nur eine stichprobenartige Prüfung sein kann, ist die Prüfung des **internen Kontrollsystems** für die Ordnungsmäßigkeit der Buchführung und der Rechnungslegung von besonderer Bedeutung. Häufig berichtet der Abschlussprüfer über Mängel und Verbesserungsmöglichkeiten des internen Kontrollsystems in Form eines sogenannten Management Letters, der sich an den Vorstand richtet. Der Management Letter sollte auch dem Vorsitzenden des Prüfungsausschusses oder des Aufsichtsrats übermittelt werden.

Einen weiteren Schwerpunkt der Abschlussprüfung bildet das **Risikomanagement** des Unternehmens. Bestehende oder drohende Risiken sind bei der Rechnungslegung durch vorsichtige Bewertung, Rückstellungen oder entsprechende Angaben im Anhang und Lagebericht zu berücksichtigen.

Eine ordnungsmäßige und sorgfältige Geschäftsführung muss geeignete Maßnahmen treffen, damit Entwicklungen, die den Fortbestand des Unternehmens gefährden, früh erkannt werden. Bei börsennotierten Unternehmen hat der Abschlussprüfer im Rahmen seiner Prüfung zu beurteilen, ob der Vorstand ein geeignetes **Überwachungssystem** eingerichtet hat und ob dieses seine Aufgaben erfüllen kann. Über das Ergebnis ist im Prüfungsbericht zu informieren.

> Dem Aufsichtsrat anderer Unternehmen ist zu empfehlen, den Prüfungsauftrag für den Abschlussprüfer auf die Prüfung des Überwachungssystems auszudehnen.

Der Abschlussprüfer hat nicht zu beurteilen, ob der Vorstand den Risiken angemessen und sachgerecht entgegengetreten ist. Allerdings muss er über offensichtliche und bedrohliche Fehlbeurteilungen oder Unterlassungen des

Vorstands, die er bei der Prüfung des Risikomanagement-systems feststellt, den Aufsichtsrat oder Prüfungsausschuss unverzüglich informieren. Die Mitglieder des Prüfungsaus-schusses oder des Aufsichtsrats sollten den Abschlussprüfer ausdrücklich nach solchen Feststellungen fragen.

Die vom Vorstand ergriffenen **Maßnahmen der Risiko-bewältigung** (z. B. Absicherungsgeschäfte oder Versiche-rungen) und ihre Wirksamkeit unterliegen der Überwa-chung durch den Aufsichtsrat.

Erweiterungen des Prüfungsauftrags

Der Aufsichtsrat kann den Prüfungsauftrag in angemesse-nem Umfang erweitern, darf aber dadurch nicht die Funk-tion der Abschlussprüfung beeinträchtigen oder den dafür notwendigen, aber begrenzten Zeitraum sprengen. Die Auftragserweiterung darf keine Tätigkeiten umfassen, die mit der Unabhängigkeit und Neutralität des Abschlussprü-fers nicht vereinbar sind, z. B. Mitwirkung bei der internen Revision in verantwortlicher Position.

Vor vertraglichen Erweiterungen des Prüfungsauftrags haben etwaige **gesetzlich vorgeschriebene Erweiterun-gen** der Abschlussprüfung Vorrang. Sie hängen vor allem von der Größe, Rechtsform oder dem Wirtschaftszweig des Unternehmens ab. Zu den gesetzlich vorgeschriebenen Erweiterungen gehören z. B. die Prüfung der Ordnungs-mäßigkeit der Geschäftsführung bei Unternehmen der öffentlichen Hand oder bei Genossenschaften sowie die branchenspezifischen Vorgaben für die Abschlussprüfung bei Kreditinstituten und Versicherungsunternehmen.

In Abhängigkeiten von den Gegebenheiten kommen folgende **vertraglich zu vereinbarenden Erweiterungen** des Prüfungsauftrags in Betracht, die teilweise auch im DCGK empfohlen werden. Sie sollen den Aufsichtsrat in seiner Überwachungsfunktion unterstützen.

▸ Der Abschlussprüfer soll über alle für die Aufgabe des Aufsichtsrats, d. h. für dessen Überwachung der Geschäftsführung wesentlichen Feststellungen und Vorkommnisse unverzüglich berichten, die sich bei der Durchführung der Abschlussprüfung ergeben (**überwachungsrelevante Feststellungen**).

▸ Er soll den Aufsichtsrat informieren, wenn er bei Durchführung der Abschlussprüfung Tatsachen feststellt, die eine Unrichtigkeit der vom Vorstand und Aufsichtsrat abgegebenen **Entsprechenserklärung** zum Corporate-Governance-Kodex beinhalten.

▸ Der Aufsichtsratsvorsitzende oder der Vorsitzende des Prüfungsausschusses ist über während der Prüfung auftretende **Ausschluss- und Befangenheitsgründe** in der Person **des Abschlussprüfers** unverzüglich zu unterrichten, soweit diese nicht unverzüglich beseitigt werden.

▸ Der Abschlussprüfer hat im Rahmen seiner Prüfung die Vorstands- und Aufsichtsratsprotokolle einzusehen, um bilanzierungs- oder berichtspflichtige Tatbestände zu erkennen, zu verifizieren und zu beurteilen. Aus den Niederschriften sind die von den Organen behandelten Sachverhalte und Informationsunterlagen sowie die entsprechenden Beschlussfassungen ersichtlich. Daher bietet es sich an, die **Berichterstattung des Vorstands** an den Aufsichtsrat auf Ordnungsmäßigkeit und generelle Funktionsfähigkeit prüfen zu lassen.

▸ Es kann ferner zweckmäßig sein, den Prüfungsauftrag regelmäßig oder fallweise auf die Ordnungsmäßigkeit und Systematik der **Unternehmensplanung** auszudehnen. Der Abschlussprüfer hat sich ohnedies mit der Fortführung des Unternehmens, mit den Chancen und Risiken der künftigen Entwicklung des Unternehmens und mit den wesentlichen Daten der Unternehmensplanung und den ihnen zugrunde liegenden Prämissen auseinanderzusetzen. Anhand der ihm zugänglichen Plan- und Ist-Daten vermag er die Verlässlichkeit der Planung wenigstens grob einzuschätzen.

▸ Dem Abschlussprüfer sollte ferner aufgegeben werden, in seinem Bericht auf wesentliche verlustbringende Geschäfte und auf die **Ursachen von Verlusten** einzugehen. Außerdem sollte er über ungewöhnliche, risikoreiche oder nicht ordnungsgemäß abgewickelte Geschäftsvorfälle sowie über schwerwiegende Fehldispositionen berichten.

▸ Weitere Themen können die ordnungsgemäße **Abwicklung wichtiger Investitionsvorhaben** oder die Angemessenheit der Gegenleistung beim Erwerb oder bei der Veräußerung von Unternehmen, Beteiligungen oder wesentlichen Unternehmensteilen sein.

Wegen der relativ kurzen Fristen für die Aufstellung, Feststellung und Offenlegung des Jahresabschlusses bewegt sich die Abschlussprüfung in einem zeitlich engen Rahmen. Vor- und Zwischenprüfungen ermöglichen nur eine bedingte Entlastung. Insofern darf eine Erweiterung des Prü-

fungsauftrags nicht zu einer Anspannung bei der Prü-
fungsdurchführung führen, die zulasten der Qualität der
Abschlussprüfung gehen würde. Bestimmte Prüfungserwei-
terungen sollten daher nur aus gegebenem Anlass oder in
angemessenen zeitlichen Abständen erfolgen.

Begleitung der Abschlussprüfung

Zur Vorbereitung auf die eigene Abschlussprüfung sollte
der Aufsichtsrat, am besten durch seinen Prüfungsausschuss, regelmäßigen Kontakt zum Abschlussprüfer halten,
um sich über den Prüfungsverlauf, etwaige Schwierigkeiten
oder wesentliche Verzögerungen bei der Prüfungsabwick-
lung und über wichtige Zwischenergebnisse zu informieren. Der Aufsichtsrat sollte seinerseits den Abschlussprüfer
über schwerwiegende Besorgnisse oder Kenntnisse unterrichten, die für die Abschlussprüfung relevant sein können.

Als Gesprächspartner des Abschlussprüfers ist in erster
Linie der Vorsitzende des Prüfungsausschusses oder der
Vorsitzende des Aufsichtsrats gefordert. Er entscheidet, ob,
wann und in welcher Form die übrigen Ausschussmitglieder oder die anderen Aufsichtsratsmitglieder zu informieren sind.

Schlussbesprechung des Abschlussprüfers

Vor Zuleitung der Prüfungsberichte an den Aufsichtsrat ist
dem Vorstand Gelegenheit zur Stellungnahme zu geben.
Üblicherweise findet dazu eine sog. Schlussbesprechung
zwischen Vorstand und Abschlussprüfer statt, dessen

Grundlage i. d. R. ein Entwurf oder Vorwegexemplar des Prüfungsberichts bildet.

In der Schlussbesprechung resümiert der Abschlussprüfer über den Prüfungsablauf und wesentliche Prüfungsfeststellungen. Der anschließende Gedankenaustausch dient u. a. dazu, Erkenntnisse des Abschlussprüfers zu vervollständigen, fehlerhafte Angaben oder unzutreffende Interpretationen von Sachverhalten zu korrigieren oder unverständliche oder irreführende Darstellungen im Prüfungsbericht zu vermeiden.

Der Vorsitzende des Prüfungsausschusses oder der Vorsitzende des Aufsichtsrats sollte ebenfalls an dieser Schlussbesprechung teilnehmen, weil hier die wesentlichen Prüfungsfeststellungen sowie Unklarheiten oder Meinungsverschiedenheiten zwischen Vorstand und Abschlussprüfer zur Sprache kommen, die für die Überwachungstätigkeit des Aufsichtsrats relevant sein können.

Der Bericht des Abschlussprüfers

Der Abschlussprüfer hat über Art und Umfang seiner Prüfung sowie über das Prüfungsergebnis schriftlich mit der gebotenen Klarheit zu berichten. Er hat in seinem Prüfungsbericht einleitend zur **Beurteilung der Lage des Unternehmens** durch die Geschäftsführung, insbesondere hinsichtlich des Fortbestands und der künftigen Entwicklung des Unternehmens Stellung zu nehmen.

Ferner ist darzulegen, ob **Unrichtigkeiten oder Verstöße** gegen gesetzliche Vorschriften sowie Tatsachen festgestellt wurden, die den Bestand des geprüften Unternehmens gefährden oder in seiner Entwicklung wesentlich beeinträchtigen können.

Im Hauptteil des Berichts ist darzustellen, ob die Buchführung und der **Jahres- oder Konzernabschluss** den anzuwendenden Vorschriften entsprechen und ob der Abschluss insgesamt unter Beachtung der GoB ein den tatsächlichen Verhältnissen entsprechendes Bild der Vermögens-, Finanz- und Ertragslage vermittelt und ob der Lagebericht damit im Einklang steht. Dazu ist auch auf die wesentlichen Bewertungsgrundlagen sowie darauf einzugehen, wie Änderungen in den Bewertungsgrundlagen (einschließlich der Ausübung von Bilanzierungs- und Bewertungswahlrechten), die Ausnutzung von Ermessensspielräumen sowie sachverhaltsgestaltende Maßnahmen die Darstellung der wirtschaftlichen Lage des Unternehmens beeinflusst haben.

Bestätigungsvermerk

Das Ergebnis seiner Prüfung fasst der Abschlussprüfer in einem **Bestätigungsvermerk** zusammen, der sich an die Öffentlichkeit wendet. Er hat neben einer Beschreibung von Gegenstand, Art und Umfang der Prüfung auch eine Beurteilung des Prüfungsergebnisses zu enthalten. Zu erwähnen ist auch, ob der Lagebericht insgesamt eine zutreffende Darstellung von der Lage des Unternehmens vermittelt und ob die Risiken der künftigen Entwicklung zutreffend dargestellt sind.

Abschlussprüfung durch den Aufsichtsrat

Prüfungspflicht des Aufsichtsrats

Der Aufsichtsrat einer Kapitalgesellschaft oder einer Genossenschaft muss den Jahresabschluss und Lagebericht ebenfalls prüfen und über das Ergebnis an die Haupt-, Gesellschafter- oder Generalversammlung berichten. Dasselbe gilt für den Aufsichtsrat eines Mutterunternehmens in Bezug auf den Konzernabschluss und den -lagebericht.

Die Bedeutung der Rechnungslegung als Berichterstattung über die wirtschaftliche Lage und Entwicklung des Unternehmens oder Konzerns und als Rechenschaftslegung der Unternehmensverwaltung (Vorstand und Aufsichtsrat) gegenüber den Kapitalgebern und anderen unternehmensexternen Interessenten verlangt die besondere Aufmerksamkeit des Aufsichtsrats.

Die Abschlussprüfung durch den Aufsichtsrat ist **eigenständig** und unabhängig von einer (meist vorhergehenden) Abschlussprüfung durch den Abschlussprüfer durchzuführen. Der Aufsichtsrat hat zu prüfen, ob die vom Vorstand vorgelegten Abschlussunterlagen nach Art und Umfang den gesetzlichen Vorschriften entsprechen (Recht- und Ordnungsmäßigkeit) und ob die Bilanzpolitik des Vorstands mit dem Unternehmensinteresse im Einklang steht (Wirtschaftlichkeit und Zweckmäßigkeit der Rechnungslegung). Er muss sich besonders mit der Ausübung von Bilanzierungs- und Bewertungswahlrechten befassen.

Die Abschlussprüfung durch den Aufsichtsrat ist **Teil seiner gesetzlichen Überwachungspflicht**. Für den fakultativen Aufsichtsrat oder Beirat gilt grundsätzlich dasselbe, doch sind abweichende Regelungen im Gesellschaftsvertrag möglich.

Die Prüfungspflicht obliegt dem gesamten Aufsichtsrat. Sie kann nicht an einzelne Mitglieder oder an einen Ausschuss delegiert werden. Zulässig und zweckmäßig ist es jedoch, die Abschlussprüfung des Aufsichtsrats von einem Prüfungsausschuss oder einem sachverständigen Aufsichtsratsmitglied vorbereiten zu lassen.

Die Prüfungspflichten von Abschlussprüfer und Aufsichtsrat stehen als unterschiedlich gestaltete Aufgaben nebeneinander, die jeweils in eigener Verantwortung wahrzunehmen sind. Während sich der Abschlussprüfer auf die Aspekte der Gesetz-, Satzungs- und Ordnungsmäßigkeit zu beschränken hat, obliegt dem Aufsichtsrat im Rahmen der vollumfänglichen Überwachung der Unternehmensleitung zusätzlich die Würdigung der Zweckmäßigkeit und Wirtschaftlichkeit der Rechnungslegung.

Persönliche Prüfungspflicht

Jedes Aufsichtsratsmitglied hat den Abschluss eigenverantwortlich anhand der Abschlussunterlagen und des Prüfungsberichts des Abschlussprüfers zu prüfen und zu beurteilen. Das Aufsichtsratsmitglied darf das Prüfungsergebnis des Abschlussprüfers nicht ohne eigene Prüfung übernehmen. Jedes Mitglied muss sich die erforderlichen **Mindestkenntnisse** aneignen, um Abschluss und Lagebericht auch ohne fremde Hilfe verstehen und sachgerecht beurteilen zu können.

Nicht jedes Aufsichtsratsmitglied muss über detaillierte Kenntnisse des Bilanzrechts verfügen. Es muss aber mit den Grundprinzipien der anzuwendenden Rechnungslegungsnormen (z. B. HGB oder IFRS) so weit vertraut sein, dass es die Inhalte und Aussagen der Abschlussbestandteile und des Lageberichts in wesentlichen Zügen verstehen und kritisch würdigen kann. Weitergehende Anforderungen sind an die Mitglieder des Prüfungsausschusses zu stellen (s. S. 63).

Kritische Sachverhalte oder **Feststellungen des Abschlussprüfers** muss das Aufsichtsratsmitglied auch dann eigenständig beurteilen, wenn der Abschlussprüfer die Bilanzierung oder sonstige Sachbehandlungen als „noch vertretbar" oder einen Verstoß als „geringfügig" bewertet hat. Bei ernsthaften Bedenken muss das Aufsichtsratsmitglied den Vorsitzenden des Prüfungsausschusses oder des Aufsichtsrats ansprechen, damit die Einwände im Prüfungsausschuss oder Aufsichtsrat erörtert und geeignete Schlussfolgerungen gezogen werden können. Der Aufsichtsrat wird unter Umständen eine nähere Prüfung zu beschließen haben, z. B. durch eigene Einsichtnahme oder durch Beauftragung einzelner Mitglieder oder besonderer Sachverständiger für bestimmte Aufgaben.

Der **Abschlussprüfer** ist aufgrund des Prüfungsauftrags gegenüber dem Vorsitzenden des Aufsichtsrats oder des Prüfungsausschusses, die als Vertreter des Aufsichtsrats bzw. des Ausschusses handeln, jederzeit zu Auskünften verpflichtet. Dem einzelnen Aufsichtsratsmitglied muss der Abschlussprüfer außerhalb der Bilanzsitzung keine Auskunft erteilen.

Die noch nicht veröffentlichten Daten und Informationen
der Rechnungslegungsunterlagen unterliegen der **Ge-
heimhaltungspflicht**. Die Verschwiegenheitspflicht besteht auch gegenüber den Organen der Betriebsverfassung
(Gesamtbetriebsrat, Konzernbetriebsrat) und gegenüber
den Gewerkschaften.

Die einzelnen Aufsichtsratsmitglieder haben keinen Anspruch darauf, einen eigenen Sachverständigen bei der Einsichtnahme in die Prüfungsunterlagen heranzuziehen. Nur
der Aufsichtsrat als Gesamtgremium kann für bestimmte
Aufgaben besondere Sachverständige beauftragen. **Externe
Sachverständige** darf ein Aufsichtsratsmitglied nur hinzu-
ziehen, wenn die Beratungsmöglichkeiten im Aufsichtsrat
nicht ausreichen oder pflichtwidrig verweigert werden.

Hat ein Aufsichtsratsmitglied **persönliche Kenntnisse**
über Sachverhalte, die für Jahresabschluss oder Lagebericht
relevant und beim Abschlussprüfer nicht als bekannt vor-
auszusetzen sind, muss es diese in die Beratung über die
Rechnungslegung einbringen und gegebenenfalls vorab
den Vorsitzenden des Aufsichtsrats oder des Prüfungsausschusses zur weiteren Unterrichtung des Abschlussprüfers
informieren.

Neben Abschluss und Lagebericht ist die wichtigste Unterlage für den prüfenden Aufsichtsrat der **Prüfungsbericht
des Abschlussprüfers**. Er enthält vom Management unabhängige und sachverständige Erläuterungen und Beurteilungen der vorgelegten Rechnungslegungsunterlagen. Die
sorgfältige und kritische Lektüre des Prüfungsberichts
macht den wesentlichen Inhalt der Abschlussprüfung durch
den Aufsichtsrat aus.

Gegenstand der Prüfung

Soweit die **Recht- und Ordnungsmäßigkeit** der Rechnungslegung betroffen ist, deckt sich die Prüfungspflicht des Aufsichtsrats mit der des Abschlussprüfers. Insofern kann der Aufsichtsrat bei seiner Prüfung weitgehend auf den Prüfungsbericht des Abschlussprüfers zurückgreifen. Jedes Aufsichtsratsmitglied hat sich durch die Lektüre des Prüfungsberichts und durch ergänzende Befragungen des Vorstands und des Abschlussprüfers so weit zu informieren, dass es zu einem eigenen Urteil über die Recht- und Ordnungsmäßigkeit der Abschlussunterlagen gelangen kann.

Für die Prüfung der **Wirtschaftlichkeit und Zweckmäßigkeit** der Rechnungslegung muss der Aufsichtsrat zusätzlich auf seine aus der laufenden Überwachungstätigkeit gewonnenen Erkenntnisse zurückgreifen.

Der Aspekt der Wirtschaftlichkeit rückt die nachhaltige Existenzsicherung und erfolgreiche Fortentwicklung des Unternehmens in den Vordergrund. Dabei geht es um die Sicherung der Zahlungsfähigkeit, eine angemessene Finanzierung, eine ausreichende Ertragskraft sowie um Marktstellung, Wettbewerbsfähigkeit, Innovationskraft und andere Potenziale des Unternehmens.

Die Zweckmäßigkeit bezieht sich vor allem auf die **Rechnungslegungspolitik** des Vorstands. Sie muss den Interessen des Unternehmens entsprechen. Der Aufsichtsrat muss sich vergewissern, mit welcher Tendenz der Vorstand bilanzpolitische Spielräume genutzt hat.

Für den HGB-Abschluss bestehen Aktivierungswahlrechte für selbst geschaffene immaterielle Vermögensgegenstände des Anlagevermögens und für aktive latente Steuern sowie für die Bildung von Bewertungseinheiten. Als Wahlrechte nach IFRS sind die Fair-Value-Optionen für Sachanlagen, als Finanzinvestitionen gehaltene Immobilien und für Finanzinstrumente zu nennen.

Wichtiger als die Ausübung der Wahlrechte sind i. d. R. die häufig notwendigen **Ermessensentscheidungen**. Sie betreffen hauptsächlich Annahmen zur künftigen Entwicklung und die Abschätzung der Nutzungsdauer für das abnutzbare Anlagevermögen, von ungewissen Verbindlichkeiten und von Wertminderungen sowie die Ermittlung von Zeitwerten, denen keine Marktpreise zugrunde gelegt werden können. Hier ist zu prüfen, ob der Vorstand sein Ermessen sachgerecht und im Interesse des Unternehmens ausgeübt hat.

Prüfung des Lageberichts

Der Aufsichtsrat trägt eine Mitverantwortung, dass Jahresabschluss und Lagebericht ein zutreffendes Bild von der Lage und Entwicklung des Unternehmens vermitteln. Bei der Prüfung des Lageberichts hat der Aufsichtsrat insbesondere die Ausführungen zur **künftigen Entwicklung der Gesellschaft** abzuwägen. Der Lagebericht darf vorhandene Risiken nicht verschweigen, muss aber nach Möglichkeit vermeiden, dass durch die Offenlegung der Risiken die Gefahr ihres Eintritts erhöht wird.

Der Aufsichtsrat wird u. a. prüfen, ob der Lagebericht mit der laufenden Berichterstattung des Vorstands an ihn und mit dem Jahresabschluss im Einklang steht und ob er rechtzeitig und ausreichend über kritische Vorkommnisse und Entwicklungen informiert worden ist. Aufgrund seiner regelmäßigen Überwachungstätigkeit ist der Aufsichtsrat oft besser als der Abschlussprüfer in der Lage, den Inhalt und die Vollständigkeit des Lageberichts zu beurteilen. Insofern können in der Bilanzsitzung diesbezügliche Erörterungen mit dem Abschlussprüfer angebracht sein.

Aktiengesellschaften, deren Aktien an der Börse notiert sind oder über ein multilaterales Handelssystem gehandelt werden, haben eine **Erklärung zur Unternehmensführung** in ihren Lagebericht aufzunehmen. Die Erklärung kann auch auf der Internetseite der Gesellschaft öffentlich zugänglich gemacht werden, auf die dann im Lagebericht hinzuweisen ist.

Die Erklärung zur Unternehmensführung beinhaltet die Entsprechenserklärung zum DCGK, Angaben zu relevanten Unternehmensführungspraktiken, die über die gesetzlichen Anforderungen hinausgehend angewandt werden, und eine Beschreibung der Arbeitsweise von Vorstand und Aufsichtsrat sowie der Zusammensetzung und Arbeitsweise ihrer Ausschüsse.

Für die Erklärung zur Unternehmensführung ist zwar primär der Vorstand als gesetzlicher Vertreter der Kapitalgesellschaft zuständig, sie berührt aber inhaltlich und aufgabengemäß auch den Aufsichtsrat insofern, als er für die Ordnungsmäßigkeit und Zweckmäßigkeit der Unternehmensführungspraktiken mit verantwortlich ist.

Prüfungsergebnis

Das Ergebnis seiner Prüfung und die Stellungnahme zu dem Prüfungsergebnis des Abschlussprüfers hat der Aufsichtsrat durch **Beschluss** festzustellen. Dieser Beschluss ist Teil des Berichts an die Hauptversammlung, mit dem der Aufsichtsrat gegenüber der Hauptversammlung Rechenschaft über seine Tätigkeit ablegt (s. S. 167 ff.).

Der Beschluss über das Prüfungsergebnis erhält besonderes Gewicht, wenn einzelne Aufsichtsratsmitglieder hinsichtlich der zu prüfenden Vorlagen abweichende Auffassungen vertreten, die nicht in der Bilanzsitzung geklärt werden können.

In der Regel ist mit dem Beschluss über das Prüfungsergebnis des Aufsichtsrats die Beschlussfassung über die Billigung des Jahresabschlusses und mit der Billigung die Entscheidung verbunden, ob damit der Jahresabschluss festgestellt ist oder ob die Feststellung des Jahresabschlusses (ausnahmsweise) der Hauptversammlung überlassen werden soll.

Besondere Prüfungsanforderungen an den Aufsichtsrat

Größere Prüfungsanstrengungen des Aufsichtsrats sind notwendig, wenn der Abschlussprüfer seinen Bestätigungsvermerk eingeschränkt oder versagt hat oder wenn keine Abschlussprüfung durch einen externen Prüfer stattgefunden hat.

Einschränkung oder Versagung des Bestätigungsvermerks

Hat der Abschlussprüfer seinen Bestätigungsvermerk eingeschränkt oder versagt, muss sich der Aufsichtsrat über Tragweite und Bedeutung der **Beanstandungen des Abschlussprüfers** klar werden. Das Gleiche gilt, wenn der Bestätigungsvermerk zusätzliche Anmerkungen enthält. Dabei muss sich der Aufsichtsrat mit den einschlägigen Stellungnahmen des Vorstands auseinandersetzen und die zugrunde liegenden Sachverhalte mit ihm und dem Abschlussprüfer eingehend erörtern. Schließlich muss er entscheiden, ob die Einwendungen des Abschlussprüfers gerechtfertigt und ob weitere Prüfungshandlungen oder andere Maßnahmen angebracht sind.

Lassen sich tatsächliche Streitpunkte nicht klären, wird der Aufsichtsrat selbst ermitteln oder einzelne Mitglieder oder sachverständige Dritte mit entsprechenden **Nachprüfungen** beauftragen. Hält der Aufsichtsrat die Bedenken des Abschlussprüfers für gerechtfertigt und sind die Mängel behebbar, wird er den Vorstand zu überzeugen versuchen, den Abschluss so zu ändern, dass der Abschlussprüfer ein uneingeschränktes Testat erteilen kann.

Beseitigt der Vorstand behebbare Mängel nicht, so muss der Aufsichtsrat seine Zustimmung zum Abschluss verweigern, es sei denn, er hält die Beanstandungen für nicht so schwerwiegend. In diesem Fall muss er dies in seinem Bericht an die Hauptversammlung begründen.

Sind notwendige **Korrekturen** aufgrund der Gegebenheiten nicht möglich, muss der Aufsichtsrat, wenn er die Einwendungen des Abschlussprüfers teilt, dem Abschluss ebenfalls seine Zustimmung verweigern und entsprechend der Hauptversammlung berichten, die dann auch für die Feststellung des Jahresabschlusses zuständig ist.

Im Übrigen wird der Aufsichtsrat mit dem Vorstand diskutieren, ob und wie ungünstige Einflüsse auf das Unternehmen, die sich aufgrund der Feststellungen des Abschlussprüfers ergeben oder ergeben können, verhindert oder abgemildert werden können.

Keine externe Abschlussprüfung

Wenn keine Abschlussprüfung durch einen externen Abschlussprüfer stattgefunden hat, wie z. B. bei kleinen Aktiengesellschaften, ist der Aufsichtsrat stärker gefordert, weil die Kontrolle durch den Abschlussprüfer fehlt. Der Aufsichtsrat muss selbst alle geeigneten Prüfungshandlungen vornehmen oder durch einzelne Mitglieder oder sachverständige, zur Verschwiegenheit verpflichtete Dritte vornehmen lassen, um die Ordnungs- und Rechtmäßigkeit des Jahresabschlusses feststellen zu können. Umfang und Intensität der Prüfung richten sich nach den Verhältnissen des Einzelfalls.

Grundsätzlich hat sich der Aufsichtsrat davon zu überzeugen, dass die einschlägigen Rechnungslegungsnormen für Buchführung und Jahresabschluss des Unternehmens beachtet wurden und dass die Rechnungslegungspolitik des Vorstands, also die Ausübung von Wahlrechten und besondere Sachverhaltsgestaltungen, dem Unternehmensinteresse entsprechen.

Im Allgemeinen genügen eine kritische Durchsicht der Unterlagen und eine Plausibilitätsprüfung. Einzelprüfungen, insbesondere Belegprüfungen, werden ohne besonderen Anlass nicht notwendig sein.

Prüfung des Abhängigkeitsberichts

Der Abhängigkeitsbericht ist durch den **Abschlussprüfer** der abhängigen Gesellschaft dahin gehend zu prüfen, ob die tatsächlichen Angaben des Berichts richtig sind, bei den Rechtsgeschäften die Leistung nicht unangemessen hoch war, soweit sie dies war, ob die Nachteile ausgeglichen worden sind und ob bei den Maßnahmen keine Umstände für eine wesentlich andere Beurteilung als die durch den Vorstand sprechen. Sein abschließendes Prüfungsergebnis hat er in einem Vermerk zusammenzufassen. Bei Einwendungen oder festgestellten Unvollständigkeiten ist der Bestätigungsvermerk einzuschränken.

Der Abhängigkeitsbericht ist ebenfalls durch den **Aufsichtsrat** der abhängigen AG zu prüfen. Im Gegensatz zum Abschlussprüfer hat der Aufsichtsrat der abhängigen Gesellschaft den Bericht auf Vollständigkeit und Richtigkeit zu prüfen.

Hier sind insbesondere die Aufsichtsratsmitglieder gefordert, die als Organmitglieder des herrschenden Unternehmens die Interna kennen. Sonst ist der Aufsichtsrat auf Informationen des Vorstands angewiesen und sollte diesen ausdrücklich dazu befragen. Im Übrigen stützt sich der Aufsichtsrat auf den Prüfungsbericht des Abschlussprüfers.

Der Aufsichtsrat hat bei seiner Prüfung die Maßnahmen aus der **Sicht der abhängigen Gesellschaft** zu beurteilen und sich von dem Interesse der abhängigen Gesellschaft

leiten zu lassen. Das gilt auch für die Aufsichtsratsmitglieder, die Angehörige des herrschenden Unternehmens
sind oder von diesem gewählt wurden.

Über das **Ergebnis der Prüfung** hat der Aufsichtsrat an
die Hauptversammlung zu berichten. Er hat zu dem Ergebnis der Prüfung des Abhängigkeitsberichts durch den Abschlussprüfer Stellung zu nehmen und den vom Abschlussprüfer erteilten Bestätigungsvermerk in seinen Bericht
aufzunehmen oder eine etwaige Versagung ausdrücklich
mitzuteilen. Abschließend hat der Aufsichtsrat zu erklären,
ob nach dem Ergebnis seiner Prüfung Einwendungen gegen die Schlusserklärung des Vorstands im Abhängigkeitsbericht zu erheben sind.

Prüfen des Gewinnverwendungsvorschlags

Der Vorstand hat dem Aufsichtsrat zusammen mit dem
Jahresabschluss einen an die Hauptversammlung gerichteten Vorschlag für die Verwendung des Bilanzgewinns zu
unterbreiten. Der Vorschlag bezieht sich auf den **Bilanzgewinn**, wie er in dem vom Aufsichtsrat gebilligten und in
der Regel damit festgestellten Jahresabschluss ausgewiesen
wird.

Bei der Aufstellung des Jahresabschlusses sind die gesetzlich oder satzungsmäßig vorgeschriebenen Einstellungen in
die **Rücklagen** zwingend vorzunehmen, bevor weitere
zulässige Dotierungen erfolgen. Außerdem sind hier die in
der Disposition von Vorstand und Aufsichtsrat stehenden
Entnahmen aus Rücklagen anzusetzen.

Die Aktionäre haben Anspruch auf den Bilanzgewinn, soweit er nicht nach Gesetz oder Satzung oder durch Hauptversammlungsbeschluss von der Verteilung unter den Aktionären ausgeschlossen ist.

Der **Gewinnverwendungsvorschlag des Vorstands** unterliegt nicht der Prüfung durch den Abschlussprüfer, sodass der Aufsichtsrat selbst die **Recht- und Ordnungsmäßigkeit** prüfen muss. Die Prüfung des Gewinnverwendungsvorschlags (Kapitalgesellschaften) bzw. des Vorschlags für die Verwendung des Jahresüberschusses oder die Deckung des Jahresfehlbetrags (Genossenschaften) durch den Aufsichtsrat bezieht sich auf die Einhaltung der gesetzlichen und satzungsmäßigen Bestimmungen.

Eine besondere Beachtung erfordern die handelsrechtlichen Ausschüttungssperren, die sich im Zusammenhang mit aktivierten selbst geschaffenen immateriellen Vermögenswerten des Anlagevermögens, aktivierten latenten Steuern und bei einem die Pensionsrückstellungen übersteigenden Wert des sog. Deckungsvermögens ergeben.

Zusätzlich muss der Aufsichtsrat die **Zweckmäßigkeit und Angemessenheit** der vorgeschlagenen Gewinnverwendung beurteilen. Er muss prüfen, ob die vorgesehene Gewinnverwendung (Dividenden, Rücklagendotierung und Gewinnvortrag) den wirtschaftlichen Interessen des Unternehmens entspricht. Dabei wird der Aufsichtsrat das Interesse der Aktionäre an Gewinnausschüttungen und das

Interesse des Unternehmens zur Verstärkung seiner Eigen-
kapitalbasis abzuwägen haben.

In diesem Zusammenhang sind bei Mutterunternehmen
auch das **Konzernergebnis** und die Kapitalausstattung
des Konzerns zu würdigen. Bei erheblichen Abweichungen
von Jahres- und Konzernergebnis sind deren Gründe und
Rechtfertigung zu untersuchen. Der Aufsichtsrat des Mutterunternehmens sollte sich vor dem Abschlussstichtag mit
der Rücklagen- und Ausschüttungspolitik der wichtigsten
Tochterunternehmen beschäftigen. Beispielsweise kürzt
eine hohe Rücklagenbildung bei einem Tochterunternehmen die Erträge aus Beteiligungen beim Mutterunternehmen und damit deren ausschüttungsfähigen Gewinn.

Bestehen beim Aufsichtsrat **Bedenken** gegen den Gewinnverwendungsvorschlag des Vorstands, so wird er versuchen, den Vorstand zu entsprechenden Änderungen zu
bewegen. Hält der Vorstand an seinem Gewinnverwendungsvorschlag fest, so muss der Aufsichtsrat im Bericht an
die Hauptversammlung auf seine Bedenken hinweisen und
auch einen Alternativvorschlag formulieren.

Prüfung des Konzernabschlusses

Prüfungspflicht

Mutterunternehmen, die ein oder mehrere andere Unternehmen direkt oder indirekt beherrschen (Tochterunternehmen), sind zur Konzernrechnungslegung verpflichtet.
Etwaige Befreiungstatbestände sind vom Aufsichtsrat zu
überprüfen.

Die Prüfung des Konzernabschlusses und des Konzernlage-berichts ist Teil der allgemeinen Überwachungspflicht des Aufsichtsrats eines Mutterunternehmens. Die Prüfungs-pflicht bezieht sich auf das gesamte, nicht unwesentlich gegenüber dem Jahresabschluss erweiterte Rechenwerk des Konzernabschlusses. Wichtige Unterlage für die Prüfung ist der **Prüfungsbericht des Konzernabschlussprüfers**.

Auch bei der Prüfung des Konzernabschlusses und des Konzernlageberichts sind neben der vom Abschlussprüfer geprüften Recht- und Ordnungsmäßigkeit vom Aufsichtsrat zusätzlich Wirtschaftlichkeit und Zweckmäßigkeit der Kon-zernrechnungslegung zu prüfen.

Prüfungsdurchführung

Der Aufsichtsrat sollte schon vor der Aufstellung des Kon-zernabschlusses der Frage nachgehen, ob der **Kreis der konsolidierten Unternehmen** richtig abgegrenzt worden ist. Er sollte sich insbesondere nach nicht einbezogenen Unternehmen und den Gründen ihrer Nichteinbeziehung erkundigen. Weitere Diskussionspunkte sind bedeutsame konzerninterne Transaktionen sowie wechselseitige techni-sche oder finanzielle Abhängigkeiten und die Ausschüt-tungs- und Rücklagenpolitik bei den Tochterunternehmen.

Im Konzernabschluss sind den zusammengefassten Ein-zelabschlüssen von Mutter- und Tochterunternehmen einheitliche **Bilanzierungs- und Bewertungsgrundsät-ze** zugrunde zu legen, die sich nach den für das Mutter-unternehmen maßgeblichen Vorschriften richten. Dabei können Wahlrechte abweichend vom Jahresabschluss des Mutterunternehmens ausgeübt werden.

Bei der **Erstkonsolidierung** eines Tochterunternehmens sind dessen Vermögensgegenstände und Schulden mit dem zum Konsolidierungszeitpunkt beizulegenden Zeitwert zu bewerten. Ein Unterschiedsbetrag zwischen dem anteiligen neu bewerteten Reinvermögen oder Eigenkapital des Tochterunternehmens und dem höheren Beteiligungsansatz des Mutterunternehmens ist als **Geschäfts- oder Firmenwert** zu aktivieren und künftig planmäßig abzuschreiben. Ein negativer Unterschiedsbetrag ist zu passivieren und bei der Folgekonsolidierung ggf. aufzulösen.

Kapitalmarktorientierte Mutterunternehmen müssen ihren Konzernabschluss nach in das europäische Bilanzrecht übernommenen **IFRS-Rechnungslegungsstandards** aufstellen. Andere Mutterunternehmen können dies freiwillig tun. Die IFRS enthalten sehr umfangreiche und detaillierte Einzelfallregelungen, die laufend fortentwickelt, geändert oder ergänzt werden.

Die konzernspezifischen Vorschriften (Kapitalkonsolidierung und andere Konsolidierungsbestimmungen) nach dem HGB und den IFRS stimmen weitgehend überein. Größere Abweichungen gibt es dagegen bei den Wertansätzen verschiedener Bilanzposten sowie hinsichtlich der Ertragsrealisierung.

> **!** Eine wichtige Abweichung gegenüber dem HGB besteht darin, dass ein aktivierter Geschäfts- oder Firmenwert nach den IFRS nicht planmäßig abgeschrieben wird. Zu jedem Bilanzstichtag ist seine Werthaltigkeit zu überprüfen und ggf. eine außerplanmäßige Abschreibung vorzunehmen.

Die komplizierten Regeln der IFRS machen es erforderlich, dass die Mitglieder des Prüfungsausschusses oder zumindest der **Finanzexperte** im Aufsichtsrat die Entwicklung und Fortschreibung der IFRS regelmäßig verfolgt und über genügend Detailkenntnisse verfügt, um für den Aufsichtsrat die Prüfung des Konzernabschlusses sachverständig vorzubereiten.

Von einem „normalen" Aufsichtsratsmitglied wird man detaillierte und aktuelle Kenntnisse der umfangreichen und unübersichtlichen, weil wenig systematischen IFRS nicht erwarten können. Jedes Aufsichtsratsmitglied muss sich aber mit den für das Unternehmen besonders relevanten Rechnungslegungsregeln der IFRS so weit vertraut machen, dass es die wesentlichen Abschlussposten, ggf. mit näheren Erläuterungen von Abschlussprüfer und Experten des Aufsichtsrats oder Vorstands, beurteilen kann.

Der Aufsichtsrat sollte daher darauf dringen, dass der **Abschlussprüfer** in seinem **Prüfungsbericht** die wesentlichen Aussagen der Abschlussunterlagen erläutert, die Auswirkungen der Konsolidierungsvorgänge (insbesondere der Kapitalkonsolidierung) behandelt und für die wichtigsten Abschlussposten Inhalt, Wertansatz, Risiken und Veränderungen erläutert.

Unterjährige Finanzberichterstattung

Aufstellungspflicht und Inhalt

Inlandsemittenten von Wertpapieren müssen neben dem Jahresabschluss oder -finanzbericht Halbjahresfinanzberichte sowie quartalsweise eine sog. Zwischenmitteilung oder einen Quartalsfinanzbericht aufstellen und veröffentlichen.

Die unterjährigen Finanzberichte bestehen aus einem **verkürzten Abschluss** (Bilanz, GuV, Kapitalflussrechnung, Eigenkapitalspiegel und Anhang) und einem verkürzten **Zwischenlagebericht**. Inhalt und Umfang sind grundsätzlich so zu bestimmen, dass der Zwischenbericht eine Beurteilung der Geschäftsentwicklung der Gesellschaft oder des Konzerns im Berichtszeitraum ermöglicht.

Die Zwischenberichterstattung ist in die Gesamtrechnungslegung des Unternehmens oder Konzerns eingebunden. Die hierbei zugrunde gelegten Grundsätze und Methoden, insbesondere für die Bilanzierung und Bewertung, müssen mit denen der Rechnungslegung zum Ende des vorangegangenen Geschäftsjahres übereinstimmen.

Im Interesse der Aktualität sind bei der Zwischenberichterstattung an die Genauigkeit der Daten generell geringere Anforderungen zu stellen als beim Jahresabschluss, sodass in größerem Umfang geschätzte Zahlen verwendet werden können. Sondereinflüsse, die das Verständnis des Zwischenabschlusses erheblich erschweren oder die Vergleichbarkeit mit den Daten der Vergleichsperiode empfindlich stören, sind im Zwischenbericht gesondert anzugeben.

Prüfungspflicht

Die Halbjahres- und Quartalsfinanzberichte unterliegen keiner gesetzlichen Prüfungspflicht durch einen externen Abschlussprüfer. Vorstand und Aufsichtsrat müssen überlegen, ob sie einen Abschlussprüfer beauftragen wollen.

Bei größeren Unternehmen ist zumindest eine prüferische Durchsicht durch den Abschlussprüfer angebracht.

Für den **Aufsichtsrat** ergibt sich eine **Prüfungspflicht** als Ausfluss seiner generellen Überwachungsaufgabe. Die Zwischenberichte sind Teil der Rechnungslegung des Unternehmens. Die unterjährigen Finanzberichte erfüllen eine wichtige Informationsfunktion gegenüber den Investoren und sollen den Anlegerschutz verbessern. Wenn keine Abschlussprüfung stattgefunden hat, ergeben sich erhöhte Prüfungsanforderungen für den Aufsichtsrat.

> Eine Überwachung der Geschäftsführung ist ohne Prüfung der Rechnungslegung unvollständig. **!**

Dementsprechend sind der Halbjahresfinanzbericht und die Quartalsfinanzberichte vor ihrer Veröffentlichung vom Aufsichtsrat oder seinem Prüfungsausschuss mit dem Vorstand hinreichend zu erörtern.

Da die Rechnungslegung einen zentralen Überwachungsbereich darstellt, ist der Aufsichtsrat für die Prüfung der Finanzberichterstattung als Gesamtorgan zuständig. Wie beim Jahres- oder Konzernabschluss darf der Prüfungsausschuss nur vorbereitend für den Aufsichtsrat tätig sein.

Prüfungsgegenstand

Der Aufsichtsrat hat zu prüfen, ob die unterjährigen Finanzberichte der Recht- und Ordnungsmäßigkeit sowie der Wirtschaftlichkeit und Zweckmäßigkeit entsprechen. Es gelten prinzipiell die gleichen Prüfungsmaßstäbe wie bei der Prüfung des Jahres- oder Konzernabschlusses. Der Aufsichtsrat hat außerdem festzustellen, ob sich die Aussagen der Zwischenberichte mit seinen Kenntnissen decken, über die er aufgrund der laufenden Überwachungstätigkeit und anhand der laufenden Berichterstattung des Vorstands verfügt.

Umfang und Intensität der Prüfung hängen ab von der aktuellen Lage und Entwicklung des Unternehmens oder Konzerns sowie davon, ob eine prüferische Durchsicht oder eine volle Prüfung durch den Abschlussprüfer stattgefunden hat.

In Krisenzeiten und bei außergewöhnlichen Geschäftsvorfällen wird die Prüfung intensiver ausfallen müssen. Einen besonderen Schwerpunkt wird die Prüfung des Zwischenlageberichts bilden, wenn der Vorstand über wesentliche Abweichungen zwischen Planung und tatsächlicher Entwicklung berichtet oder wenn sich die wirtschaftlichen Verhältnisse des Unternehmens verändert haben.

Auf den Punkt gebracht

Die Rechnungslegung der Unternehmen dient vor allem zur Information unternehmensexterner Bezugsgruppen des Unternehmens wie Gesellschafter, Kreditgeber, Kunden und Lieferanten sowie der allgemeinen Öffentlichkeit. Sie bedeutet Rechenschaftslegung der Verwaltung des Unternehmens und bildet für den Aufsichtsrat ein unverzichtbares Instrument zur umfassenden Kenntnisnahme und Überprüfung der wirtschaftlichen Lage und Entwicklung des Unternehmens.

Jahresabschluss und Lagebericht von mittelgroßen und großen Kapitalgesellschaften, von Genossenschaften und publizitätspflichtigen Personenunternehmen unterliegen der Prüfung durch einen externen Abschlussprüfer im Hinblick auf ihre Recht- und Ordnungsmäßigkeit. Neben den Abschlussunterlagen bildet der Prüfungsbericht des Abschlussprüfers eine wesentliche Grundlage für die Abschlussprüfung durch den Aufsichtsrat. Der Aufsichtsrat hat sich besonders mit der Rechnungslegungspolitik des Vorstands zu befassen.

Der Aufsichtsrat muss sich auch mit der unterjährigen Finanzberichtserstattung in Form von Halbjahres- und Quartalsberichten kritisch auseinandersetzen.

Bericht des Aufsichtsrats an die Hauptversammlung

Berichterstellung

Der Aufsichtsrat hat über das Ergebnis seiner Prüfung und über seine Überwachungstätigkeit schriftlich an die Hauptversammlung zu berichten. Zuständig für den Bericht ist der Aufsichtsrat als Gesamtorgan. Üblicherweise legt der Aufsichtsratsvorsitzende einen Berichtsentwurf vor, der dann mit oder ohne Änderungen vom Aufsichtsrat per **Beschluss** als endgültiger Bericht verabschiedet wird.

Der Bericht des Aufsichtsrats soll die Aktionäre und die Öffentlichkeit über das Ergebnis der Abschlussprüfung durch den Aufsichtsrat unterrichten. Zugleich ist er ein Rechenschaftsbericht des Aufsichtsrats über seine Tätigkeit. Die Berichterstattung des Aufsichtsrats ist neben dem Abschluss und Lagebericht eine wichtige Grundlage für die Entlastung von Vorstand und Aufsichtsrat durch die Hauptversammlung.

Der Aufsichtsrat muss seinen Bericht **innerhalb eines Monats**, nachdem ihm die für seine Abschlussprüfung notwendigen Unterlagen zugegangen sind, dem Vorstand zuleiten. Geschieht dies nicht, hat der Vorstand dem Aufsichtsrat eine weitere Frist von nicht mehr als einem Monat einzuräumen. Wird der Bericht dem Vorstand nicht nach Ablauf der weiteren Frist zugeleitet, gilt der Jahresabschluss als vom Aufsichtsrat nicht gebilligt. Damit wird die Hauptversammlung für die Feststellung des Jahresabschlusses zuständig.

In der Regel werden der Jahres- oder Konzernabschluss und der zugehörige Lagebericht sowie der Bericht des Aufsichtsrats der Hauptversammlung in Form des **Geschäftsberichts** vorgelegt. Die vorgenannten Bestandteile müssen klar erkennbar gekennzeichnet sein, wenn der Geschäftsbericht zusätzliche Informationen enthält, z. B. über die einzelnen Geschäftsbereiche oder über die Kursentwicklung der Aktie.

Inhalt

Im Rahmen der Berichterstattung über die Prüfung des Jahresabschlusses und des Lageberichts bzw. des Konzernabschlusses und des -lageberichts hat der Aufsichtsrat zum **Prüfungsergebnis des Abschlussprüfers** Stellung zu nehmen. Dabei sind ggf. außergewöhnliche oder kritische Ereignisse sowie spezifische Risiken zu erörtern, wenn sie im Jahresabschluss oder Lagebericht nicht deutlich genug zum Ausdruck kommen. Am Schluss des Berichts muss der Aufsichtsrat erklären, ob nach dem abschließenden Ergebnis seiner Prüfung Einwendungen zu erheben sind und ob er den vom Vorstand aufgestellten Jahresabschluss billigt. Für den Konzernabschluss gilt sinngemäß dasselbe.

Bei der Berichterstattung über seine **Überwachungstätigkeit** informiert der Aufsichtsrat im Einzelnen über die Anzahl der Sitzungen des Aufsichtsrats und seiner Ausschüsse sowie über die wesentlichen Beratungs- und Beschlussgegenstände. In Abhängigkeit von der Situation des Unternehmens oder Konzerns sollten besondere Schwerpunkte der Beratung, z. B. Restrukturierungs- oder Sanierungsmaßnahmen oder eine strategische Neuorientierung des Unternehmens, erwähnt werden.

Hat der Aufsichtsrat bei seiner Überwachung schwerwiegende **Mängel der Geschäftsführung** festgestellt, die nicht kurzfristig beseitigt werden konnten, z. B. ein unzureichendes oder ineffektives Überwachungssystem, so ist darauf in geeigneter, die Interessen des Unternehmens wahrender Form hinzuweisen. Dabei sollten auch vom Aufsichtsrat ergriffene oder veranlasste Überwachungsmaßnahmen erwähnt werden. Der Vorstand wird etwaige Unvollkommenheiten des Überwachungssystems im Lagebericht, z. B. im Zusammenhang mit dem Risikobericht, behandeln.

Ferner wird über **personelle Veränderungen** im Aufsichtsrat und im Vorstand und über die Zusammensetzung dieser Organe zu berichten sein.

Nach dem DCGK soll in dem Aufsichtsratsbericht vermerkt werden, wenn ein Aufsichtsratsmitglied in einem Geschäftsjahr an weniger als der Hälfte der Sitzungen des Aufsichtsrats teilgenommen hat.

Auf den Punkt gebracht

Der Aufsichtsrat hat in der ordentlichen Hauptversammlung über seine Tätigkeit im abgelaufenen Geschäftsjahr und über das Ergebnis seiner Prüfung des Jahresabschlusses zu berichten.

Abkürzungsverzeichnis

AG	Aktiengesellschaft
DCGK	Deutscher Corporate Governance Kodex
DrittelbG	Drittelbeteiligungsgesetz
d. h.	das heißt
ggf.	gegebenenfalls
GmbH	Gesellschaft mit beschränkter Haftung
GoB	Grundsätze ordnungsmäßiger Buchführung
GuV	Gewinn-und-Verlust-Rechnung
HGB	Handelsgesetzbuch
IFRS	International Financial Reporting Standards
i. d. R.	in der Regel
i. S. d.	im Sinne des
KGaA	Kommanditgesellschaft auf Aktien
MitbestG	Mitbestimmungsgesetz
s.	siehe
S.	Seite
sog.	sogenannt
u. U.	unter Umständen
z. B.	zum Beispiel

Stichwortverzeichnis

Der Autor

Professor Dr. Eberhard Scheffler ist Wirtschaftsprüfer. Nach mehrjähriger Prüfungs- und Beratungstätigkeit war er viele Jahre als Finanzvorstand zweier internationaler Konzerne tätig und lehrte an der Universität Hamburg. In Theorie und Praxis hat er sich intensiv mit der Corporate Governance befasst. Seine Erfahrungen als Aufsichtsratsmitglied verdankt er zahlreichen Mandaten, die er in Unternehmen verschiedener Größe und Struktur ausgeübt hat.

Impressum:

Verlag C. H. Beck im Internet: www.beck.de
ISBN: 978-3-406-63354-6
© 2012 Verlag C. H. Beck oHG
Wilhelmstraße 9, 80801 München

Lektorat und DTP: Text + Design Jutta Cram, 86157 Augsburg, www.textplusdesign.de
Umschlaggestaltung: Ralph Zimmermann – Bureau Parapluie
Umschlagbild: SusanneB – istockphoto.com
Druck und Bindung: Beltz Bad Langensalza GmbH, Neustädter Straße 1–4, 99947 Bad Langensalza

Gedruckt auf säurefreiem, alterungsbeständigem Papier (hergestellt aus chlorfrei gebleichtem Zellstoff)